工程质量提升与管理创新系列丛书

·建筑与市政工程施工现场专业人员能力提升培训教材·

建筑信息模型管理
（建筑信息模型技术员适用）

中国建筑业协会　组织编写

湖南建设投资集团有限责任公司　主　编

中国建筑工业出版社

图书在版编目（CIP）数据

建筑信息模型管理：建筑信息模型技术员适用 / 中
国建筑业协会组织编写；湖南建设投资集团有限责任公
司主编. -- 北京：中国建筑工业出版社，2025. 8.
（工程质量提升与管理创新系列丛书）（建筑与市政工程
施工现场专业人员能力提升培训教材）. -- ISBN 978-7
-112-31368-6

Ⅰ. TU201.4

中国国家版本馆CIP数据核字第2025Z0N065号

丛书策划：高延伟　李　杰　葛又畅
责任编辑：葛又畅　李　杰
文字编辑：高　彦
责任校对：张　颖

工程质量提升与管理创新系列丛书

·建筑与市政工程施工现场专业人员能力提升培训教材·

建筑信息模型管理

（建筑信息模型技术员适用）

中国建筑业协会　组织编写

湖南建设投资集团有限责任公司　主　　编

*

中国建筑工业出版社出版、发行（北京海淀三里河路9号）

各地新华书店、建筑书店经销

北京鸿文瀚海文化传媒有限公司制版

天津安泰印刷有限公司印刷

*

开本：787毫米×1092毫米　1/16　印张：13¾　字数：260千字

2025年8月第一版　　2025年8月第一次印刷

定价：**62.00**元

ISBN 978-7-112-31368-6

（45311）

丛书指导委员会

主　　任：齐　骥

副 主 任：吴慧娟　刘锦章　朱正举　岳建光　景　万

丛书编委会

主　　任：景　万　高延伟

副 主 任：钱增志　张晋勋　金德伟　陈　浩　陈硕晖

委　　员：（按姓氏笔画排序）

上官越然	马　鸣	王　喆	王凤起	王超慧	包志钧
冯　淼	邢作国	刘润林	安云霞	孙肖琦	李　杰
李　康	李　超	李　慧	李太权	李兰贞	李思琦
李崇富	张选兵	赵云波	胡　洁	查　进	徐　晗
徐卫星	徐建荣	高　彦	隋伟旭	葛又畅	董丹丹
董年才	程树青	温　军	熊晓明	燕斯宁	

本书编委会

主　　编：陈　浩

副 主 编：张明亮　阳　凡

参编人员：

肖杰才	黄　涛	曾乐樵	罗　梽	钟凌宇	石　拓
孙志勇	陈维超	龙新乐	欧阳学明	王江营	彭安平
邓　超	周利金	李　瑜	胡湘龙	刘海波	张成元
袁洲力	万颖昌	李鹏慧	肖　薇	张　平	李　婷
姜英豪	付　平	许红荣	艾旭军	喻武林	徐　韬

建筑与市政工程施工现场专业人员（以下简称施工现场专业人员）是工程建设项目现场技术和管理关键岗位的重要专业技术人员，其人员素质和能力直接影响工程质量和安全生产，是保障工程安全和质量的重要因素。为进一步完善施工现场专业人员能力体系，提高工程施工效率，切实保证工程质量，中国建筑业协会、中国建筑工业出版社联合组织行业龙头企业、地方学协会等共同编写了本套丛书，按岗位编写，共18个分册。为了高质量编写好本套丛书，成立了编写委员会，从2022年8月启动，先后组织了四次编写和审定会议，大家集思广益，几易其稿，力争内容适度，技术新颖，观点明确，符合施工现场专业技术人员能力提升需要。

各分册包括基础篇、提升篇和创新篇等内容。其中，基础篇介绍了岗位人员基本素养及工作流程，描述了本岗位应知、应会的知识；提升篇聚焦工作中常见的、易忽略的重（难）点问题，提出了前置防范措施和问题发生后的解决方案，实际指导施工现场工作；创新篇围绕工业化、数字化、绿色化等行业发展方向，展示了本岗位领域较为成熟、经济适用且推广价值高的创新应用。整套教材突出实用性和适用性，力求反映施工一线对施工现场专业人员的能力要求。在编写和出版形式上，对重要的知识难点或核心知识点，采用图文并茂的方式来呈现，方便读者学习和阅读，提高本套丛书的可读性和趣味性。

期望本套丛书的出版，能促进从业人员能力素质提升，助力住房和城乡建设事业实现高质量发展。编写过程中，难免有不足之处，敬请各培训机构、教师和广大学员，多提宝贵意见，以便进一步修订完善。

前言

为了加快建立劳动者终身职业技能学习制度，大力实施岗位技能提升行动，全面推行岗位技能等级制度，推进技能人才评价制度改革，促进施工现场专业人员基本职业培训制度与职业技能等级认定制度的有效衔接，进一步规范培训管理，提高培训质量，特组织有关专家编写了本教材。

本教材共分12章，分别为：

● 基本素养

● 工作流程

● 建筑工程专项应用

● 建筑装饰工程专项应用

● 建筑机电安装专项应用

● 装配式建筑专项应用

● 工业设备安装专项应用

● 钢结构工程专项应用

● 市政工程专项应用

● 电气化工程专项应用

● 水运水利水电专项应用

● 数字与智能建造技术创新

其中，第1章与第2章主要对建筑信息模型技术员的基本素养要求及对BIM应用在施工前及施工阶段过程中的一些工作流程上作了简要说明，后面9个章节主要针对BIM专项应用。

本教材力求在短时间内切实帮助建筑信息模型技术

员掌握相关理论知识和操作技能，提高技术水平及解决实际工作问题的能力。希望本教材能有效帮助广大施工技术人员提高学习效果。本教材在编写过程中，难免有不妥之处，欢迎广大读者提出批评和建议，以便我们修订再版时完善，使之成为建筑信息模型技术员的好帮手。

目 录

基 础 篇

提 升 篇

创 新 篇

基础篇

第1章 基本素养

1.1 统一要求

建筑信息模型技术员（以下简称BIM技术员）应在职业资历、岗位基本能力、组织管理能力、职业道德、专业技术能力、规范标准的掌握等方面满足项目建设管理的需要。

职业资历：学历、职称、工龄等。学历是履行岗位职责所要求的最低文化水平；职称是履行岗位职责所要求的最低专业技术或管理职务；工龄是能胜任岗位所需要的工作经历年限。

岗位基本能力：语言表达能力，观察判断能力，沟通能力，计算机应用能力，获取信息能力，改进、创新能力，自主学习能力等。不同岗位有不同能力的标准要求。

组织管理能力：决策能力、计划能力、组织能力、控制能力、协调能力、指挥能力、执行能力、分析能力等。

专业技术能力：专业技术基础能力，施工技术应用能力，以及解决工程项目施工技术难题的能力。

职业道德：有大局意识、团结协作精神，作风正派、廉洁自律、坚持原则、秉公办事。

学习能力：熟悉国家有关的方针、政策、法律、法规、规范标准和企业规章制度。有及时、果断处理突发事件和各种复杂问题的能力。

1.2 岗位要求

1.2.1 工作职责

BIM技术员是指利用计算机软件进行工程实践过程中的模拟建造，以改进工程全过程工序的技术人员，其工作职责如下。

（1）负责项目中建筑、结构、暖通、给水排水、电气等专业的BIM模型的搭建、复核、维护管理工作。

（2）协同其他专业建模，并做碰撞检查。

（3）通过室内外渲染、虚拟漫游、建筑动画、虚拟施工周期等形式，进行BIM可视化设计。

（4）负责施工管理及后期运维中的BIM相关工作。

1.2.2 专业能力

（1）在最短时间内熟悉设计图纸，基于BIM应用软件构建模型。

（2）对顾问单位或甲方发送的工程指令信息进行整理，定期更新与修改BIM数据信息。

（3）为管理者提供文件资料与数据信息，如图形表格等。

（4）归纳整理与项目建设相关的信息，并将其导入BIM软件。

（5）BIM系统的维护与升级，需要重视备份管理。

技术人员要熟悉设计图纸，基于BIM软件构建模型，对收集的数据信息进行统计分析。实际操作过程中，技术人员要充分利用BIM技术，明确BIM技术员的工作内容、岗位性质、技能要求等。

1.3 熟悉相关法律法规标准

1.3.1 建筑工程

作为一种新型的设计和建设方式，BIM需要规范化的标准来指导其应用和发展，住房和城乡建设部公布了BIM的国家标准，如表1-3-1所示。

BIM 的有关国家标准　　　　　　　　　　　　　　　　表 1-3-1

名称	编号
《建筑信息模型应用统一标准》	GB/T 51212—2016
《建筑信息模型施工应用标准》	GB/T 51235—2017
《建筑信息模型设计交付标准》	GB/T 51301—2018
《建筑信息模型分类和编码标准》	GB/T 51269—2017
《建筑信息模型存储标准》	GB/T 51447—2021

《建筑信息模型应用统一标准》GB/T 51212—2016自2017年7月1日起实施。该标准建立了建设工程全生命周期内BIM的创建、使用和管理的应用统一标

准，包括模型的创建、使用、结构和扩展，数据的交付、交换、编码和存储等信息。

《建筑信息模型施工应用标准》GB/T 51235—2017自2018年1月1日起实施。该标准规定了在施工过程中如何使用BIM，以及如何向他人交付施工模型信息，包括深化设计、施工模拟、预加工、进度管理、成本管理等方面。

《建筑信息模型设计交付标准》GB/T 51301—2018自2019年6月1日起实施。该标准规定了建筑信息模型设计交付标准，用于建筑工程设计中应用建筑信息模型建立和交付设计信息，以及各参与方之间和参与方内部信息传递的过程。包括交付的基本规定、交付准备、交付物和交付协同。

《建筑工程设计信息模型制图标准》JGJ/T 448—2018自2019年6月1日起实施。该标准规范了建筑工程设计的信息模型制图表达，提供了具有可操作性，且兼容性强的统一标准。用于指导各专业之间在各阶段数据的建立、传递和解读。

1.3.2 市政工程

市政工程BIM规范是指在市政工程建设中应用BIM技术应遵循的规范和标准，以确保BIM技术在市政工程中的正确应用和协同工作。常用的市政工程BIM规范如表1-3-2所示。

BIM 相关市政工程标准   表 1-3-2

名称	编号
《城市信息模型（CIM）基础平台技术导则（修订版）》	—
《市政道路工程建筑信息模型设计信息交换标准》	T/CECS 1194—2022
《市政给水工程建筑信息模型设计信息交换标准》	T/CECS 1221—2022
《城市信息模型应用统一标准》	CJJ/T 318—2023

《城市信息模型（CIM）基础平台技术导则（修订版）》修订后的导则适用于城市信息模型（CIM）基础平台及其相关应用的建设和运维，共分为6章，包括总则、术语和缩略语、基本规定、平台数据、平台功能、平台安全与运维。

《市政道路工程建筑信息模型设计信息交换标准》T/CECS 1194—2022适用于市政道路工程领域，包括道路线形、路基路面、交通设施、综合管线、绿化景观等专业的设计信息模型创建与应用。

《市政给水工程建筑信息模型设计信息交换标准》T/CECS 1221—2022适用于

市政给水工程领域，包括取水、输水、净水、配水、泵站及管网系统等专业的设计信息模型创建与应用。

《城市信息模型应用统一标准》CJJ/T 318—2023适用于城市信息模型的创建和应用。

1.4　熟悉相关软硬件及技术

BIM核心软件是以BIM技术为中心，衔接各个专业其他软件的平台。常用的BIM核心软件主要有以下9种。

（1）BIM核心建模软件：最常用的是Revit，其他常用的有MicroStation平台、ArchiCAD、SolidWorks和CATIA。

（2）二维绘图软件：常用的有Autodesk公司的AutoCAD（本科阶段常用）和Bentley公司的Microstation。

（3）几何造型软件：常用的有SketchUp、Rhino（两者均为本科阶段常用），还有FormZ等。

（4）BIM结构分析软件：常用的有国内的PKPM、YJK等，国外的ETABS、STAAD、Robot等，都可以与BIM核心建模软件配合使用。

（5）BIM机电分析软件：常用的有国内的鸿业、博超等，国外的Design Master、IES Virtual Environment、Trane TRACE等。

（6）BIM可视化软件（常称为渲染器）：常用的有3ds Max、Lumion（这两者最常用），其他还有Artlantis、AccuRender、Showcase和Enscape等。

（7）BIM模型综合碰撞检查软件：Autodesk公司的Navisworks最常用，常见的还有国内的鲁班软件，国外Bentley公司的ProjectWise Navigator，芬兰Solibri公司的Solibri Model Checker。

（8）BIM造价管理软件：常用的有国内的鲁班软件、广联达等，国外的Innovaya和Solibri等。

（9）BIM可持续（绿色）分析软件：常用的有国内的PKPM、斯维尔，国外Autodesk公司的Ecotect Analysis（热环境、光环境、声环境分析）、Vasari、IESUE、Green Building Studio、Airpak等。

第2章 工作流程

2.1 施工前期BIM应用

2.1.1 虚拟场布

（1）主要内容：根据项目特点、施工标段的划分设计场地布置图，建立场地布置模型（以下简称场布模型），方便现场管理人员合理安排各标段的物料堆场和物料运输路线。

（2）参与人员：流动站专业工程师、项目管理人员。

（3）实施流程：①根据施工标段的划分设计场地布置图，建立虚拟场布模型；②根据建立完成的虚拟场布模型与项目技术负责人交流，合理安排各标段的物料堆场和物料运输路线，优化场地布置；③根据优化后的虚拟场布模型导出临建工程量清单；④将完善后的虚拟场布模型导入Lumion软件，方便展示。

（4）流程图（见图2-1-1）。

2.1.2 4D进度模拟

（1）主要内容：通过广联达BIM5D软件和已经建立的BIM模型，模拟施工进度。

（2）参与人员：流动站专业工程师、项目管理人员。

（3）实施流程：①将建立的广联达建筑结构模型及Revit模型导入BIM5D软件，给3D模型附加时间维度，构成4D模拟动画；②通过虚拟建造，检查进度计划的时间参数是否合理，即各工作的持续时间是否合理，工作之间的逻辑关系是否准确等，从而对项目的进度计划进行检查和优化；③在虚拟环境下发现施工过程中可能出现的问题和风险；④针对问题对模型和计划进行调整和修改，进而优化施工计划；⑤如发生了设计变更、图纸更改等情况，对进度计划进行自动同步修改。

（4）流程图（见图2-1-2）。

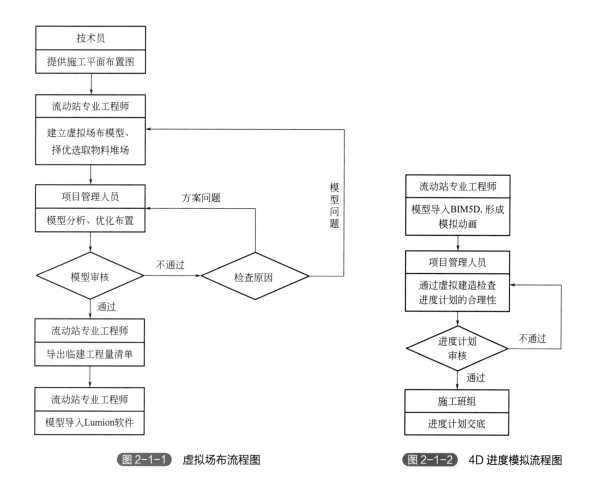

图 2-1-1　虚拟场布流程图　　　　图 2-1-2　4D 进度模拟流程图

2.2　施工阶段 BIM 应用

2.2.1　主材管控

（1）主要内容：基于 BIM 模型及理念，运用 BIM 工具将施工项目按施工区域划分，提取各区域主材用量总体指标，分解成阶段性材料指标，在采购环节、生产环节进行主材比对，实行流程再造。

（2）参与人员：流动站专业工程师、项目管理人员。

（3）实施流程：①流动站专业工程师将模型上传至 BIM 云平台，并根据施工组织计划划分施工区域；②项目部造价员分区域提取主材用量，配合材料员制定材料计划；③项目部材料员对进场材料进行验收；④项目部施工员对材料用量进行反馈，项目经理组织专题例会对阶段性材料用量进行分析，若发现有偏差，及时分析偏差原因，实时调整材料用量计划；⑤统计各区域主材消耗量指标，形成主材消耗量指标记录，指导类似项目主材管控。

（4）流程图（见图2-2-1）。

2.2.2　质量、安全协同管理

（1）主要内容：流动站专业工程师指导项目部施工员、质量员对生产过程中的影像资料进行采集。对于需要质量监控的部位，实际生产中，由施工员在施工过程中以手机拍照+录音+文字描述的方式上传至BIM云平台，为项目结算审计提供施工过程原始资料；质量员通过随时拍照上传BIM云平台挂接模型的方法记录项目现场施工缺陷问题，生成质量、安全问题报告，并对问题进行追踪整改。

（2）参与人员：流动站专业工程师、项目管理人员。

（3）实施流程：①流动站专业工程师将模型上传至BIM云平台；②对于施工中出现的质量、安全问题或者需要质量监管的部位，施工员、质量员通过拍照等方法上传BIM云平台挂接模型；③管理人员通过BIM云平台了解施工现场问题，并在BIM云平台上及时发出指令，安排专人限时解决；④施工员、质量员将整改后的质量、安全情况拍照上传，及时反馈信息，达到质量、安全监管的目的。

（4）流程图（见图2-2-2）。

2.2.3　施工进度动态管理

（1）主要内容：除以传统的施工日志形式记录项目的实时进度外，还需要流动站专业工程师指导项目施工员通过BIM移动客户端对项目实际进度以文字、照片、录音及影像等表现形式进行记录，并即时将记录上传至BIM云平台模型对应的各具体位置以挂接模型，形成永久性、结构化的进度报告。公司领导、公司相关管理部门及项目管理人员即可通过访问BIM云平台，根据其权限等级在线查看项目现场进度情况，直观地体现项目实际进度与计划进度的偏差，使其能够实时把控项目进度，及时采取相应措施进行调整。

（2）准备工作：每个项目管理人员在手机中下载、安装BIM移动客户端。

（3）参与人员：流动站专业工程师、项目管理人员。

（4）实施流程：①流动站专业工程师对项目管理人员进行APP上传、沟通、管理操作培训，使每个项目管理人员都能熟练操作BIM移动客户端和明确管理流程；②流动站专业工程师设定项目管理人员的管理权限；③项目管理人员通过BIM移动客户端实时上传文字、照片、录音及影像等记录项目实时进度，并与模型挂接，流动站专业工程师更新模型信息；④公司领导、公司相关管理部门及项目管理人员通过BIM移动客户端随时查看项目进度及了解现场施工情况，使项目实际进度与计划进度对比一目了然，并可通过BIM云平台或者其他方式下达工作指令；⑤项目管理人员根据下达的指令上传新的进度信息。

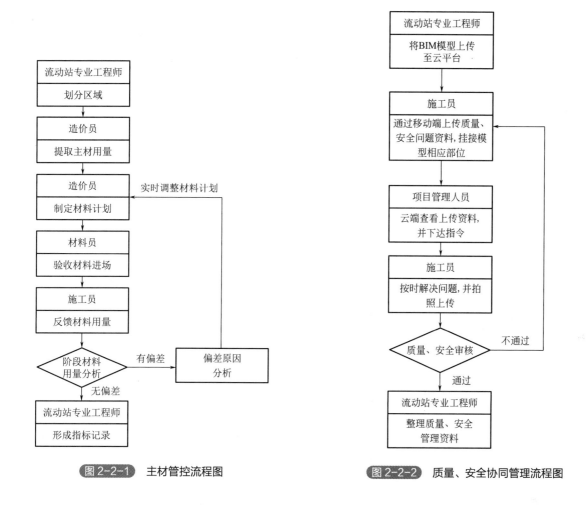

图 2-2-1　主材管控流程图　　　　图 2-2-2　质量、安全协同管理流程图

（5）流程图（见图 2-2-3）。

2.2.4　施工工艺模拟

（1）主要内容：在工程各专业模型建立完成的基础上，通过三维技术把建筑施工的过程提前预演出来，这样可以使工程施工人员详细和全面地了解情况，检验在施工过程中可能会出现的错误，对施工重难点部位及复杂节点进行修改及调整，并对项目管理人员及施工班组进行可视化交底，保障工程施工的安全及质量。

（2）参与人员：流动站专业工程师、项目管理人员、固定站专业工程师。

（3）实施流程：①流动站专业工程师指导固定站专业工程师完成各专业建模后，对模型进行碰撞检查；②流动站专业工程师配合项目技术负责人根据项目施工组织设计、项目总体进度计划制定各专业施工工艺流程；③流动站专业工程师把模型导入 3ds Max 软件进行施工工艺动画模拟；④流动站专业工程师配合项目技术负责人召开专题会议，对施工工艺动画进行审查，提出修改意见；⑤流动站专业工程师组织项目管理人员根据完善后的施工工艺动画进行技术交底；⑥固定站专业工程师组织施工班组依据施工工艺动画对项目重难点及复杂节点进行可视化交底。

（4）流程图（见图2-2-4）。

2.2.5 管线综合优化

（1）主要内容：利用BIM技术中3D管线综合排布的优点，解决传统管线综合优化流程中经常出现的管线碰撞等问题。

（2）参与人员：流动站专业工程师、项目技术负责人、设计院设计人员。

（3）实施流程：①流动站专业工程师完成各专业建模后，对模型进行碰撞检查；②通过虚拟漫游查看模型中的碰撞点，对碰撞问题进行分类，参考设计和施工要求，对机电模型进行全面调整；③完善后的机电模型交予项目技术负责人讨论修改，对不合理处进行进一步调整，如有设计问题则与设计院设计人员沟通交

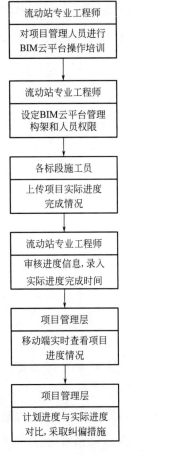

图 2-2-3　施工进度动态管理流程图

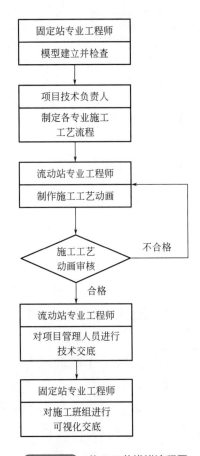

图 2-2-4　施工工艺模拟流程图

流；④将调整后的模型及相应深化后的CAD文件，提交给建设单位确认。其中，对二维施工图难以直观表达的结构、构件、系统等提供三维透视和轴测图等三维施工图，为后续深化设计、施工交底等提供参考依据。

（4）流程图（见图2-2-5）。

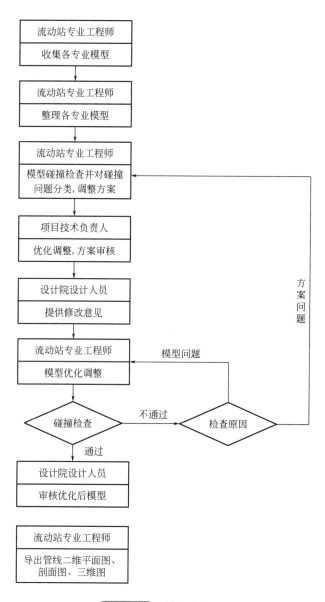

图2-2-5 管线综合优化流程图

2.2.6 BIM5D平台应用

（1）主要内容：流动站专业工程师根据项目施工组织设计和整体施工计划，

在三维空间的BIM模型的基础上添加时间和成本，形成五维的模型，从而实现工程造价管理的信息化，准确地确定工程量消耗、材料入场时间，大量减少仓储费用和材料浪费，实现造价的实时动态管理；随着工程的实施，固定站专业工程师实时上传工程信息，维护BIM5D模型。

（2）参与人员：流动站专业工程师、项目管理人员、固定站专业工程师。

（3）实施流程：①流动站专业工程师指导固定站专业工程师完成各专业建模后，对模型进行检查；②流动站专业工程师将模型上传BIM5D平台，并将成本及进度挂接模型，形成BIM5D模型；③固定站专业工程师根据工程进展情况实时对BIM5D模型进行维护；④流动站专业工程师指导固定站专业工程师进行实际成本与计划成本比对，导出分区域/分阶段工程量清单，辅助编制材料采购计划；⑤工程竣工后，固定站专业工程师依据BIM5D模型进行工程量结算。

（4）流程图（见图2-2-6）。

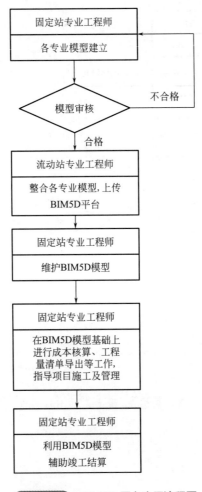

图 2-2-6　BIM5D 平台应用流程图

2.2.7　砌体排布

（1）主要内容：通过广联达软件中的砌体排布功能对项目砌体结构工程进行深化设计，导出二次结构砌筑细节施工图，对班组进行交底，解决工人因经验参差不齐造成的材料浪费问题，并提高工程施工质量。

（2）参与人员：流动站专业工程师、项目管理人员、固定站专业工程师。

（3）实施流程：①流动站专业工程师指导固定站专业工程师完成各面砖墙的砌体排布；②流动站专业工程师对各面砖墙砌体排布进行校核并提出修改意见；③固定站专业工程师根据流动站专业工程师的修改意见对各面砖墙砌体排布进行修改；④流动站专业工程师配合项目技术负责人对修改后的模型进行审核；⑤流动站专业工程师指导固定站专业工程师完成各面砖墙的施工图及工程量清单导出；⑥固定站专业工程师根据导出的施工图及工程量清单对施工班组进行交底。

（4）流程图（见图2-2-7）。

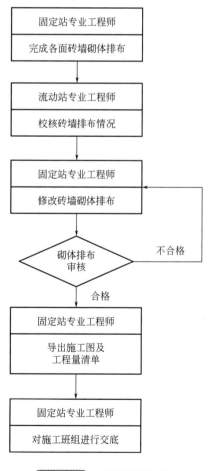

图 2-2-7　砌体排布流程图

提升篇

第3章　建筑工程专项应用

3.1　场地分析

◎**工作难点1**：采集场地信息，构建场地模型。

解析

　　根据项目地形、标高等信息，构建三维场地模型，为后续场地布置、地形分析打基础，如图3-1-1所示。

　　通过在Revit中导入带坐标及标高信息的点文件（见图3-1-2）或绘制点创建场地模型。

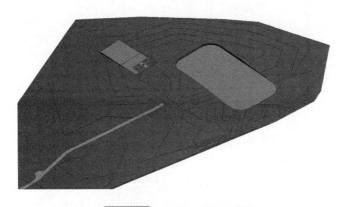

东距(m)	西距(m)	点高程(m)
49911.941	100927.998	45.39
49912.361	100825.708	54.369
49913.048	100951.433	46.22
49913.716	100868.516	52.094
49913.8515	100961.2911	49.877
49914.2	100898.009	45.99
49914.282	100833.619	54.442
49915.17	100838.964	54.367
49915.469	100820.83	55.049
49916.382	100803.099	55.672
49918.09	100972.81	52.716
49918.209	100912.465	45.94

图3-1-1　BIM三维地形模型　　　　图3-1-2　点文件示例

◎**工作难点2**：分阶段建立三维场地布置模型。

解析

　　运用三维模型对项目现场不同施工阶段的场地、临建设施、设备进行合理优化布置，对场地周边环境、地形条件模拟分析，直观、准确地反映项目现场的情况，减少二次转运。如图3-1-3～图3-1-5所示。

（1）场地布置要紧凑合理，尽量减少施工用地，达到经济实用、方便管理的目的，确保施工期间各项工作能合理有序、安全高效地进行。

（2）要基于企业CI标准化族库进行三维场地布置。

（3）需要进行漫游、模拟分析等，使场地布置科学合理。

图 3-1-3　基础阶段三维场地布置模型

图 3-1-4　主体阶段三维场地布置模型

图 3-1-5　装修阶段三维场地布置模型

3.2　锚杆碰撞检查

◎**工作难点：**创建基坑支护锚杆模型，进行碰撞检查和分析。

解析

　　基坑支护施工前，建立旋挖桩、止水帷幕、锚杆等专业模型，实时定位，提前预见锚杆、场区外地下构筑物等位置可能发生的碰撞问题，及时进行解决。

　　（1）整合各专业模型。

　　（2）运用软件对锚杆与锚杆、锚杆与其他构筑物模型进行碰撞检测。

　　（3）导出碰撞报告。

　　（4）提出优化建议，运用BIM技术辅助完成图纸优化和检查，如图3-2-1和图3-2-2所示。

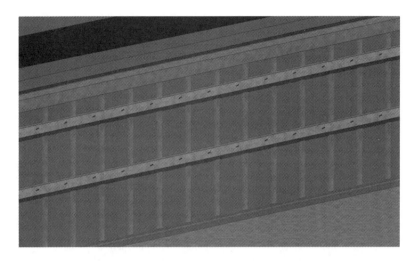

图 3-2-1　基坑支护模型

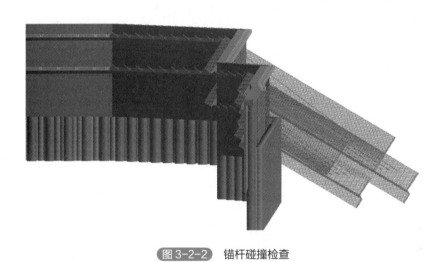

图 3-2-2　锚杆碰撞检查

3.3　塔式起重机布置

◎**工作难点：**合理布置塔式起重机位置。

🗐 解 析

塔式起重机布置对现场施工非常重要，特别是对于有群塔作业的工程。科学合理布置塔式起重机，能使施工现场昼夜作业的材料周转顺畅且合规地进行，保障工程的进度与安全。

（1）根据布置条件、垂直运输吊次等分析BIM数据，在三维模型中优化、调整塔式起重机平面位置与净高差，有效避免塔式起重机碰撞，并且保证塔式起重机覆盖主要施工区域，如图3-3-1所示。

（2）精确查找塔式起重机基础、基座坐标，出图并指导施工，如图3-3-2所示。

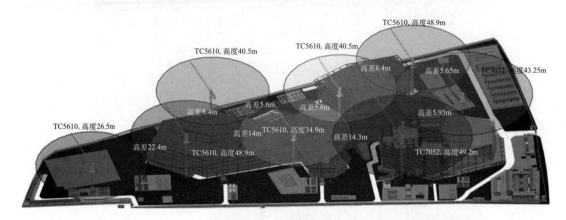

图 3-3-1　群塔防碰撞优化

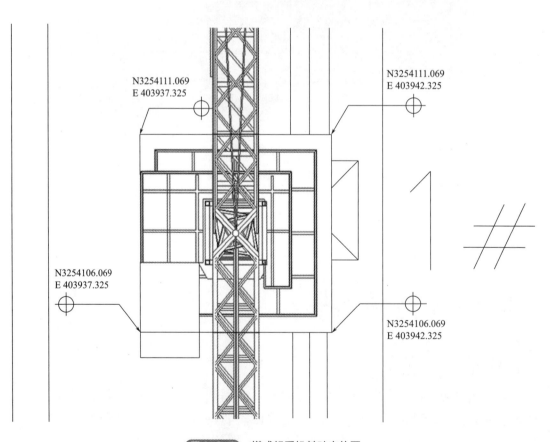

图 3-3-2　塔式起重机基础定位图

3.4　混凝土预制构件加工

◎**工作难点：**筛选BIM模型中可用于预制加工的构件，进行深化设计，导出加工数据。

解析

为加快现场施工进度，保证工程质量，可筛选部分混凝土构件进行预制加工、现场安装。

（1）根据图纸说明并结合相关标准、规范要求，在BIM模型中筛选合适的混凝土构件，如过梁等。

（2）对预制构件进行深化，进行平面标识，输出二维和三维深化图，并生成材料明细表，精确提取材料运输量。

（3）预制加工，定向配送，指导现场施工，如图3-4-1所示。

图 3-4-1　过梁深化模型图

3.5　复杂节点深化设计

◎**工作难点：**建立建筑结构复杂节点深化模型。

解析

建筑工程涉及专业广，构件种类繁多，细部做法多，复杂节点施工难度大，利用BIM模型进行复杂节点深化设计，进行可视化交底，能有效保证施工质量，达到一次成优的目的。

（1）深化设计必须符合国家现行规范、标准的要求。

（2）节点模型精度须达到LOD400，如图3-5-1所示。

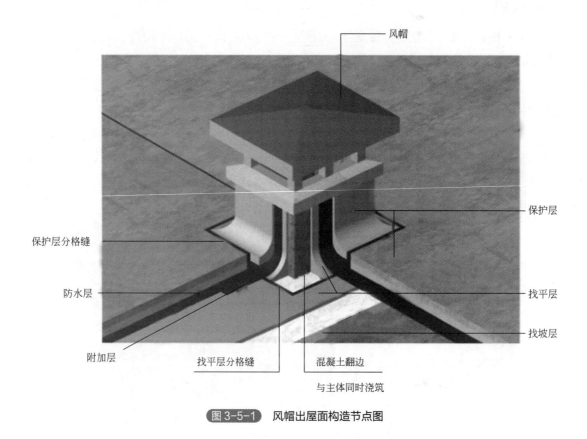

图 3-5-1　风帽出屋面构造节点图

3.6　创优策划

◎**工作难点1**：在BIM模型中调整优化创优策划方案。

解析

利用BIM相关软件精细化建模，充分发挥BIM技术的可视化、可出图、可统计工程量等特点，为工程创优提供方案比选、整体布置、细部策划、加工详图等。

（1）创优策划须依据质量、安全、文明相关规范，结合项目特点。

（2）细部创优主要有大厅、电梯前室、走廊、卫生间、屋面工程、地下车库、设备机房等。

（3）对各种设施布置进行合理定位，针对地、墙、天花板等进行BIM预排版，确保布设合理美观。

◎**工作难点2**：导出创优策划平面图、方案图。

解析

利用BIM模型可以导出图纸的特点，导出创优策划平面图、方案图，以指导施工，如图3-6-1和图3-6-2所示。

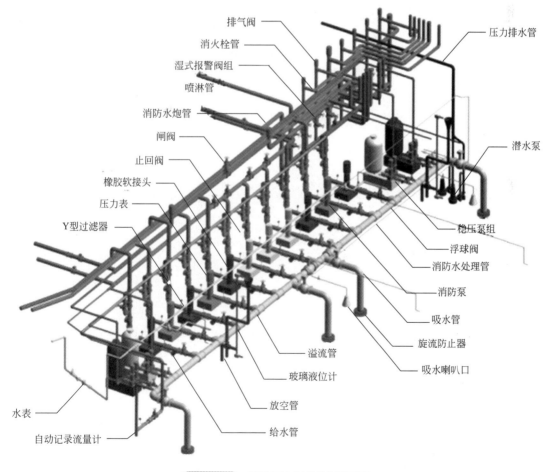

图 3-6-1　消防泵房创优策划模型图

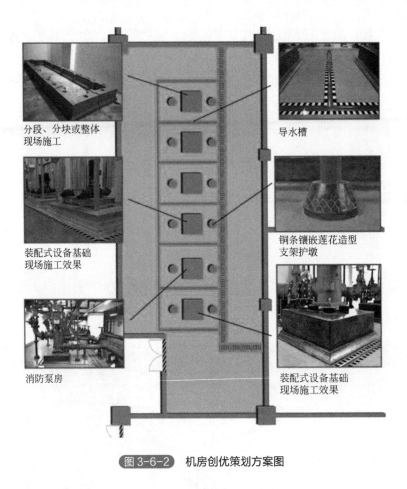

分段、分块或整体现场施工

装配式设备基础现场施工效果

消防泵房

导水槽

铜条镶嵌莲花造型支架护墩

装配式设备基础现场施工效果

图 3-6-2　机房创优策划方案图

3.7　异形幕墙 Dynamo 参数化深化设计

◎**工作难点：** Dynamo 参数化编程。

解析

　　采用 Dynamo 参数化编程技术生成可控参数模型要素线条，通过参数调整，实时比选方案，缩短方案设计周期；结合 Revit 添加嵌板，并批量添加"嵌板边长""嵌板角度""嵌板编号"等构件信息，为工厂加工阶段提供精确数据，保障生产安装的快速、准确。

　　（1）根据图纸不同的构造详图，应用 Revit 对幕墙进行深化设计，指导项目现场制作预埋件，准确定位预埋件位置，分析节点模型构造形式，帮助技术人员及安装工人理解设计意图，指导现场人员进行安装，保证安装的精度。

（2）利用Dynamo进行编程，设置成套编码电池组，建立参数化的数字、几何一体化模型，并对幕墙单元板块进行快速编号及工程量统计，从而解决安装精度及小单元组件匹配制作的难题，如图3-7-1所示。

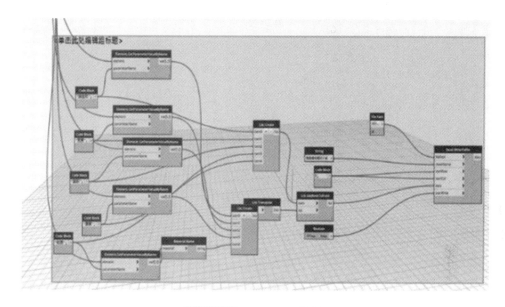

图 3-7-1　Dynamo 电池组

3.8　Midas 群桩有限元力学分析

◎**工作难点：**Midas 群桩有限元力学分析。

解析

利用有限元分析软件Midas中的基础模块对桩基础的桩土受力体系分别进行数值模拟，如图3-8-1 ～ 图3-8-4所示。对单桩和群桩基础在水平荷载作用下桩身的 Q-S 曲线进行了详细的比较和分析，如图3-8-1所示。

（1）用三维梁单元模拟实际的桩基础。

（2）用土弹簧单元模拟桩周围土抗力的影响，地震波从桩端或者土弹簧输入。

（3）土弹簧模拟：选择模型→边界条件→面弹性支撑，支撑类型选择节点弹性支撑，如图3-8-2 ～ 图3-8-3所示。

（4）单元类型选择梁单元。

（5）三个方向取同样的刚度，如图3-8-4所示。

（6）输入三个方向土的基床系数，如图3-8-5所示。

（7）基床系数在地质勘探报告上。

（8）把桩基上部视为铰接、抗固、弹性支承等。

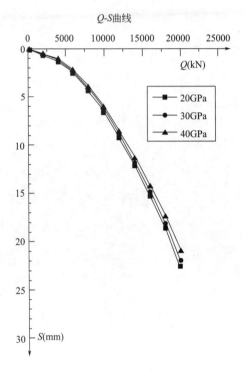

图3-8-1 桩身曲线图

图3-8-2 Midas建模助手

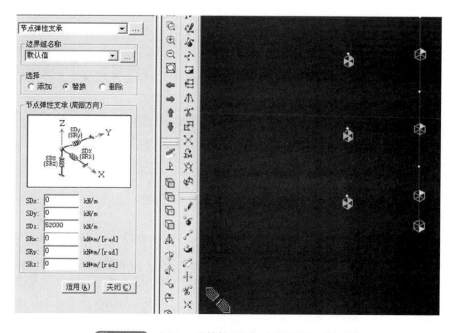

图 3-8-3　Midas 材料选取

图 3-8-4　Midas 弹簧单元和相应的桩单元刚性连接

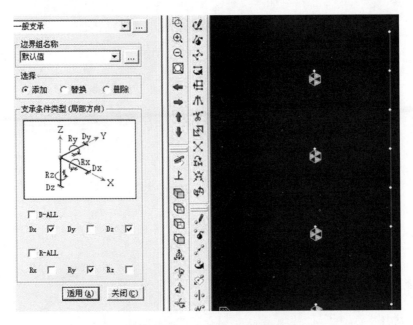

图 3-8-5　Midas 桩尖弹簧设定

3.9　土方平衡

◎**工作难点：**构建地形曲面，精确提取和计算挖填土方量。

解析

利用 Civil 3D 精确、高效、快速、动态更新计算各种复杂的土方量，导出土方施工方格网图。

（1）将带高程点及坐标的 CAD 文件导出为 csv 格式文件。

（2）创建三角网曲面，名称设置为"自然地面标高"，如图 3-9-1 所示。

（3）在"自然地面标高"曲面选项下，点击"定义"，添加点文件"自然地面标高 .csv"，如图 3-9-2 所示。地形曲面如图 3-9-3 所示。

（4）同样方法创建设计标高曲面。

（5）创建三角网体积曲面，将名称设置为"三角网体积曲面"，基准曲面设置为"自然地面标高"，对照曲面设置为"设计标高"，根据需要设置松散系数及压实系数。

（6）在"分析"选项卡下，点击"创建土方施工图"，设置网格线宽度、算法等参数，即可得出方格网施工图，如图 3-9-4 所示。

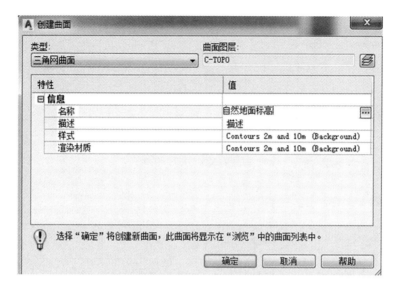

图 3-9-1　创建地形曲面设置

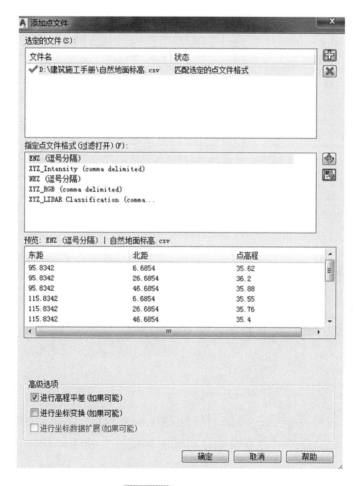

图 3-9-2　添加点文件

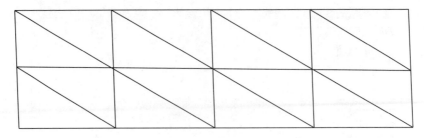

图 3-9-3　地形曲面

38.4	10.7
35.1	79.5
17.0	176.0
1.6	241.2
0.1	91.5
填方	挖方

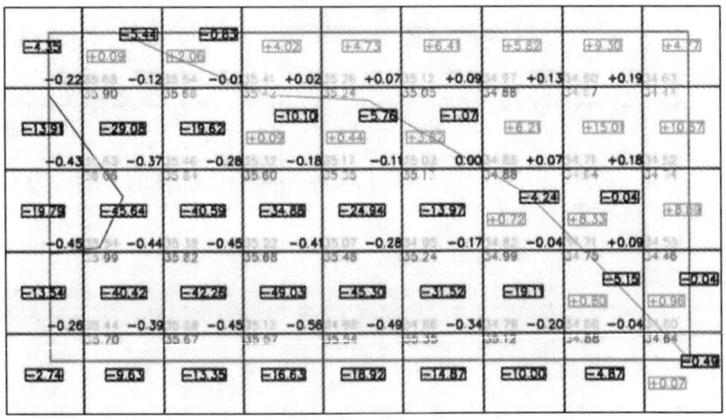

92.1 填方	0.0	0.1	2.0	4.7	5.0	9.8	12.9	32.4	25.3
599.0 挖方	54.3	124.1	115.2	107.2	92.1	62.3	32.9	10.4	0.5

图 3-9-4　方格网施工图

3.10　边坡支护

◎**工作难点：**建立边坡支护精细化模型。

解析

建立精细化边坡支护后，将监测数据挂接 BIM 模型，实时预警。

（1）根据基坑设计图纸建立精细化边坡支护模型，如图 3-10-1 和图 3-10-2 所示。

（2）将监测数据与 BIM 模型关联挂接，监测数据异常时，及时报警并显示危险位置。

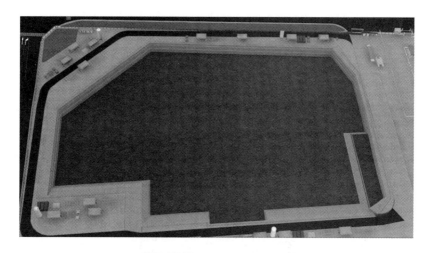

图 3-10-1　整体边坡支护模型

图 3-10-2　局部边坡支护模型

3.11　筏板养护监控

◎**工作难点：**混凝土内部温度监测。

解析

　　自动化监测大体积混凝土养护期间内外温差，若区域温差过大，则需要及时进行降温处理，以保证大体积混凝土质量。

　　（1）混凝土施工前，按照一定的规律在混凝土浇筑区域布置温度传感器，用于后期混凝土内部温度监测，如图3-11-1所示。

图 3-11-1　布置温度传感器

（2）在养护过程中，将实时温度监测数据导入分析系统中，实时进行数据分析与预警，辅助进行混凝土养护工作，如图3-11-2所示。

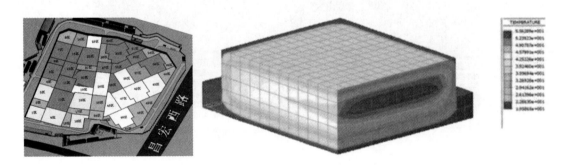

图 3-11-2　实时温度监测数据导入分析系统

3.12　桩基核查

◎**工作难点：** 桩基核查。

解析

在桩基施工期间，往往存在施工工期紧、施工工作量大的问题，桩基检测与核对工作量大且难以核对，而使用BIM技术，可以建立方便统计和管理的BIM桩基模型。

（1）创建用于桩基核查的BIM桩基模型，获取桩基尺寸与定位数据，并对桩基进行编号，以便于后期的核查工作，如图3-12-1所示。

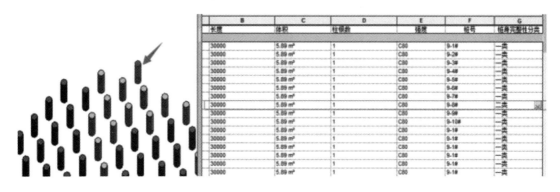

图 3-12-1　创建用于桩基核查的 BIM 桩基模型

（2）将核查完成的桩基在BIM桩基模型中进行标注，在BIM桩基模型中进行数据关联，以便于对核查成果进行检查与确认，同时在施工现场通过手机或平板进行现场复核，如图3-12-2所示。

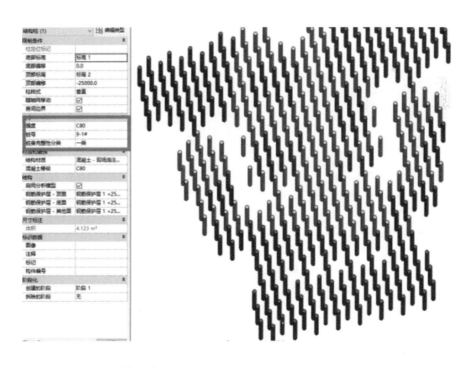

图 3-12-2　将核查完成的桩基在 BIM 桩基模型中进行标注

3.13 桩基沉降监控

◎**工作难点1**：BIM模型与沉降观测点匹配。

解析

为了保证实际数据与模型数据能够同步，并能进行监控，需要将模型和沉降观测点进行关联。

◎**工作难点2**：实时沉降观测与自动分析。

解析

需要进行周期性的实时沉降观测，通过软件对实时观测数据进行对比分析，形成分析报告。

（1）根据制定的沉降观测方案，使用自动测量机器人进行周期性的沉降测量，得到持续性的测量观测数据，如图3-13-1所示。

（2）将实时沉降测量数据与前期观测数据结合预警参数进行对比分析，出具实时分析报告，并及时预警，实现桩基沉降自动检测，如图3-13-2所示。

图 3-13-1 周期性的沉降测量　　　图 3-13-2 桩基模型和实时沉降观测点进行关联及对比

3.14 脚手架综合设计

◎**工作难点1**：外脚手架方案选型。

解析

随着建筑业的发展，建筑外观复杂多样，对外脚手架搭设方案的适用性与经济性要求越来越高。随着材料科学的发展，外脚手架的材料也发生着变化，市场上有钢管扣件式、盘扣式、附着式、提升式等各种脚手架材料，受使用环境、市场价格等因素影响，材料选型尤为重要，不同的外脚手架搭设方案如图3-14-1所示。

图 3-14-1　不同的外脚手架搭设方案

◎**工作难点2：参数设计与安全验算。**

📖 **解 析**

根据BIM模型及施工现场实际情况，获取外脚手架搭设方式、架体高度等参数信息，从而进行外脚手架参数设计与安全验算，用于指导现场施工。

（1）从BIM模型中获取建筑外形数据，确认外脚手架搭设外形参数信息（如架体高度、悬挑方式、架体类型等），如图3-14-2所示。

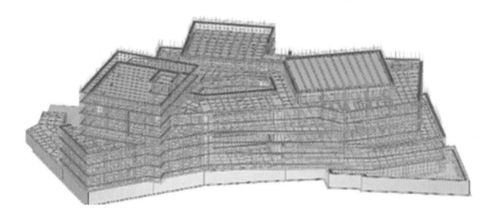

图 3-14-2　通过 BIM 模型确认外脚手架搭设外形参数信息

（2）根据得到的信息进行外脚手架参数设计优化并进行安全验算，如

图3-14-3所示。

架体搭设基本参数			
脚手架搭设方式	双排脚手架	脚手架钢管类型	$\Phi48\times3$
脚手架架体高度H(m)	27	水平杆步距h(m)	1.8
立杆纵(跨)距l_a(m)	1.5	立杆横距l_b(m)	1.05
内立杆距建筑距离(m)	0.3	横向水平杆悬挑长度(m)	0.3
纵横向水平杆布置方式	横向水平杆在上	纵杆上横杆根数n	0
连墙件布置方式	两步三跨	连墙件连接形式	扣件连接
连墙件截面类型	钢管	连墙件型号	$\Phi48\times3$
扣件连接的连接种类	双扣件	连墙件与结构墙体连接承载力(kN)	80
连墙件计算长度a(m)	0.2	脚手架安全等级	2级
脚手架结构重要性系数γ_0	1		
荷载参数			
脚手板类型	竹串片脚手板	挡脚板的类型	竹串片挡脚板
脚手板铺设层数每隔x一设	每1步设置一层	密目安全网自重标准值(kN/m²)	0.01
实际脚手板铺设层数		结构脚手架施工层数n_{jg}	1
结构脚手架荷载标准值Q_{kj}(kN/m²)	2	装修脚手架施工层数n_{zx}	1
装修脚手架荷载标准值Q_{kx}(kN/m²)	2	横向斜撑每隔x跨设置	6
脚手架上震动、冲击物体自重Q_{DK}(kN/m²)	0.5	计算震动、冲击物荷载时的动力系数k	1.35

图3-14-3 外脚手架参数设计优化并进行安全验算

◎**工作难点3：成本核算与选型。**

解析

根据外脚手架设计方案，提取外脚手架工程量，进行成本分析，最终确定方案选型。

（1）根据提取的外脚手架工程量，配合市场材料采购或租赁价格和进度计划，确定外脚手架使用成本。

（2）对不同类型外脚手架方案的使用成本进行对比分析，确定最优方案，如图3-14-4所示。

主要材料计划表				
序号	材料名称	规格型号	材料数量	配备计划
1	钢管	Φ48.0×2.7	50889 m	根据施工进度分4批租凭
2	单扣件	直角、回转	35177个	随每批次架管进场
3	垫板/槽钢	[10槽钢或木条板	按需	随每批次架管进场
4	钢丝绳	1670MPa(6×19+1Φ17)	400 m	随每批次架管进场
5	工字钢	20#a	913 m	随每批次架管进场
6	安全网	1.8m×6.0 m	9386 m²	随每批次架管进场
7	脚手板	50厚竹脚手板	按需	随每批次架管进场
8	防坠网	—	2000 m²	随每批次架管进场

图 3-14-4　不同类型外脚手架方案使用成本分析

3.15　模板排布

◎**工作难点:** 模板排布。

解析

通过BIM模型获取建筑物各楼层梁、板、柱、墙等构件的外观尺寸信息,通过软件结合模板的尺寸进行模板排布。

(1)将BIM模型导入模板排布软件中,参照相关规范及项目设计要求,进行材料属性、拼模参数的设置,通过软件自动生成模板排布模型,如图3-15-1所示。

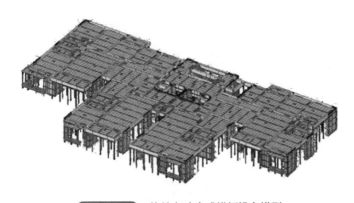

图 3-15-1　软件自动生成模板排布模型

（2）从模板排布模型导出拼模施工图，对设计不合理的拼模施工图进行人工优化调整，同时调整下料统计表，对不同规格型号的模板归类编号，如图3-15-2所示。

5层 模板下料明细汇总表

序号	规格(mm)	数量(张)	面积(m²)
1	2440×1220	328	976.39
2	2420×1220	4	11.81
3	2440×1200	2	5.86
4	2440×1166	1	2.85
5	2440×1135	2	5.54
6	2440×1110	1	2.71
7	2220×1220	1	2.71
8	2170×1220	4	10.59
9	2440×1080	6	15.81
10	2440×1062	1	2.59
11	2110×1220	4	10.30
12	2440×1036	28	70.78
13	2440×1000	10	24.40
14	2000×1220	1	2.44
15	2440×995	1	2.43
16	2440×986	1	2.41
17	2220×1080	1	2.40
18	2440×980	4	9.56
19	2440×962	2	4.69
20	2440×960	2	4.68

图3-15-2 不同规格型号的模板归类编号

（3）施工阶段，遵循整板最大化原则，按照拼模施工图，严格管理模板的预制与裁剪，进行标准化安装。模架支撑搭设施工前输出架体三维剖面图、梁板俯视图、梁板剖切图、墙柱平面图、墙柱立面图以指导施工。

3.16 高大支模区域筛选

◎工作难点1：高大支模区域筛选。

解析

通过软件自动进行高大支模区域筛选，软件能够准确识别高大支模区域，减少人工识别的错、漏情况的出现，降低高大支模施工安全风险。将BIM模型导入专业软件，通过软件内置的高大支模识别规则进行自动计算分析，筛选出高大支模区域，如图3-16-1所示。

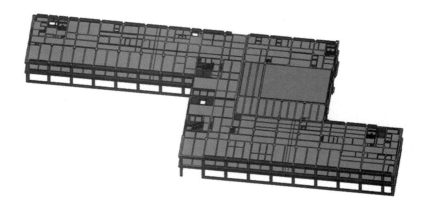

图 3-16-1　软件自动进行高大支模区域筛选

◎**工作难点2：** *参数设计与安全验算。*

解 析

　　根据筛选出的高大支模区域情况，对每个高大支模区域进行高大支模搭设方案的参数设计和安全验算。在确保安全的情况下进行不同架体方式的设计，同时对各项参数进行优化设计，确定不同搭设形式下的最优方案，如图3-16-2所示。

基本参数			
计算依据	《建筑施工脚手架安全技术统一标准》GB 51210—2016		
混凝土梁高h(mm)	1500	混凝土梁宽b(mm)	600
混凝土梁计算跨度L(m)	20.4	模板支架高度H(m)	14.6
梁跨度方向立杆间距l_a(m)	0.6	垂直梁跨度方向的梁两侧立杆间距l_b(m)	0.3
水平杆步距h_1(m)	1.5	剪刀撑(含水平)布置方式	普通型
立杆自由端高度h_0(m)	400	梁底立杆根数n	3
次楞根数n	6	次楞悬挑长度a_1(mm)	250
结构表面要求	表面外露	架体底部布置类型	垫板
材料参数			
主楞类型	矩形木楞	主楞规格	60mm×80mm
主楞合并根数	—	次楞类型	矩形木楞

图 3-16-2　高大支模搭设方案的参数设计和安全验算

◎**工作难点3：**成本核算与选型。

解析

根据高大支模设计方案，提取内支模架工程量，进行成本分析，最终确定方案选型。

（1）根据提取的内支模架工程量，配合市场材料采购或租赁价格和进度计划，确定内支模架使用成本。

（2）对不同类型高大支模方案的使用成本进行对比分析，确定最优方案。

3.17 钢筋下料及复核

◎**工作难点：**模型几何数据与定位信息获取。

解析

通过建立BIM钢筋模型，基于BIM技术进行钢筋工程在施工过程中的管理，从深化设计、集中加工、施工绑扎等方面，进行钢筋翻样、加工、施工、验收全过程精细化管理，从而降低钢筋的损耗率，减少材料的浪费，提高生产效率和工程质量。

（1）利用BIM钢筋模型，对钢筋和钢筋、钢筋和预埋件之间进行碰撞检查，如图3-17-1所示，快速发现设计中存在的不合理问题并及时解决，最大限度地减

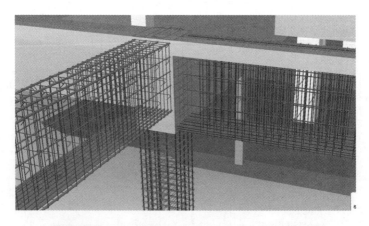

图3-17-1 钢筋和钢筋、钢筋和预埋件之间进行碰撞检查

少项目返工的风险。

（2）从钢筋模型中生成钢筋施工图，如图3-17-2所示，使钢筋形状与搭接情况可视化，进行钢筋集中加工或个性化加工，增加钢筋加工的准确性。

（3）充分利用BIM钢筋模型，输出钢筋加工下料单，如图3-17-3所示，节省现场钢筋算量时间，同时为造价部门和物资采购部门提供相关辅助。

图 3-17-2　钢筋模型中生成钢筋施工图

钢筋翻样配料单

工程名称：华容项目
工程部位：第1层 默认流水段

日期：2017-01-06

钢筋编号	规格	钢筋图形	断料长度 mm	根数	合计根数	总重 kg	备注
构件名称：3号墙					构件数量：1		
构件位置：16轴/X-Y轴							
单根构件重量：301.195		总重量：301.195					
1	Φ10@150	6960	6960	11	11	47.238	墙身垂直钢筋
2	Φ10@150	5580　120	5680	6	6	21.027	墙身垂直钢筋
3	Φ10@150	6530　120	6630	5	5	20.454	墙身垂直钢筋
4	Φ10@150	60　1880	1720	11	11	11.674	墙身插筋
5	Φ10@250	810	810	4	4	1.999	墙顶插筋
6	Φ10@150	60　2630	2670	11	11	18.121	墙身插筋
7	Φ10@250	1670	1670	4	4	4.122	墙顶插筋
8	Φ10@150	100　2710　150	2920	45	45	81.074	墙身水平钢筋
9	Φ10@150	100　2710　150	2920	45	45	81.074	墙身水平钢筋
10	Φ10@150	100　2710　150	2920	8	8	14.413	墙身水平钢筋

图 3-17-3　利用 BIM 钢筋模型输出钢筋加工下料单

3.18 砌体排布

◎**工作难点：** *砌体排布。*

解析

根据砌体施工方案，利用软件快速排砖，精确控量，同时计算出砌筑量，生成排砖图纸。在数据和图纸的基础上进行物资采购，减少二次搬运量，以大幅度节约成本、提高内控能力。

（1）楼层砌体施工前，利用BIM软件对每堵墙进行模拟排砖，如图3-18-1所示，精确计算各部位砌块用量，提前发现数量不符合要求的部位，并做好优化设计。

（2）通过BIM排砖模型输出排砖施工图及工程量统计表，如图3-18-2所示，为材料采购、砌体集中加工、定向配送、限额领料提供辅助。

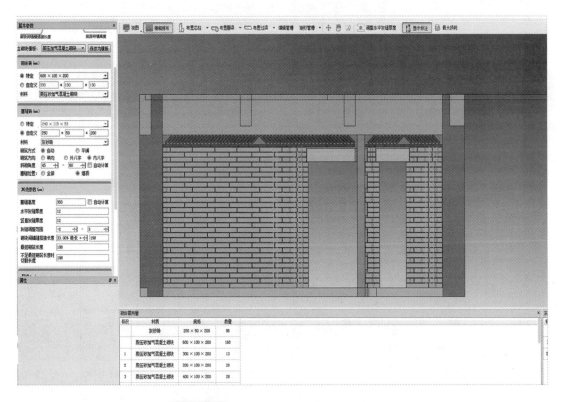

图3-18-1 利用 BIM 软件对每堵墙模拟排砖

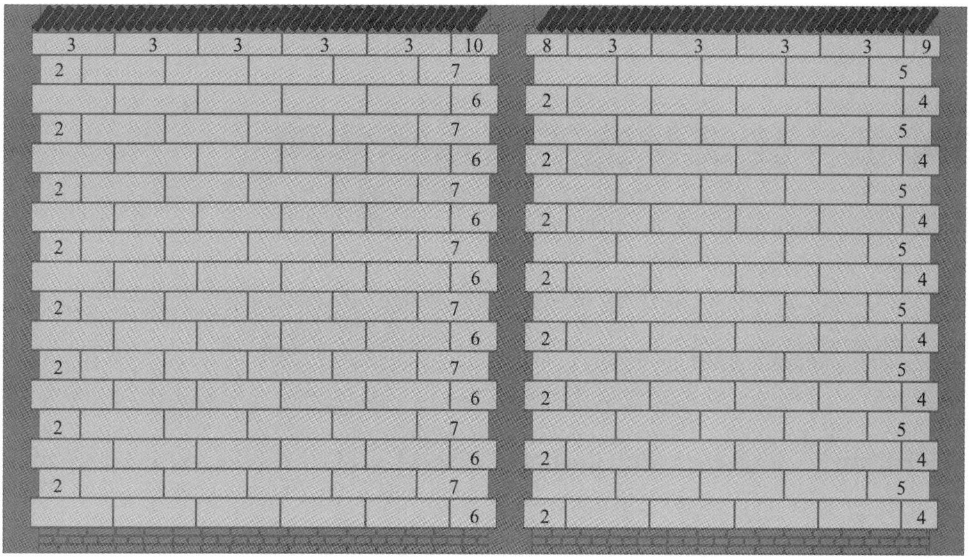

类型	名称	编号	规格	数量
砌块	蒸压加气混凝土砌块	1	600×200×200	136
砌块	蒸压加气混凝土砌块	2	300×200×200	16
砌块	蒸压加气混凝土砌块	3	600×200×150	9
砌块	蒸压加气混凝土砌块	4	264×200×200	8
砌块	蒸压加气混凝土砌块	5	454×200×200	8
砌块	蒸压加气混凝土砌块	6	335×200×200	8
砌块	蒸压加气混凝土砌块	7	516×200×200	8
砌块	蒸压加气混凝土砌块	8	300×200×150	1
砌块	蒸压加气混凝土砌块	9	264×200×150	1
砌块	蒸压加气混凝土砌块	10	335×200×150	1
导墙砖	蒸压灰砂砖		200×100×50	108
导墙砖	蒸压灰砂砖		100×100×50	54
导墙砖	蒸压灰砂砖		140×100×50	8
导墙砖	蒸压灰砂砖		67×200×50	2
导墙砖	蒸压灰砂砖		176×100×50	4
导墙砖	蒸压灰砂砖		76×200×50	1
导墙砖	烧结空心砖		200×100×50	166

图 3-18-2 通过 BIM 排砖模型输出排砖施工图及工程量统计表

第4章 建筑装饰工程专项应用

4.1 装饰方案沟通

◎**工作难点1：**由于初步设计图纸表达不全面，因此需要借助BIM技术对方案进行装饰装修方案比选，以便更好决策。

解析

前期，工作站利用Revit软件建立项目模型，并进一步进行内部装饰的细化。按照装饰装修工程的步骤，对各个构件进行详细的绘制，形成精细的室内装饰模型，材质明细如图4-1-1所示。

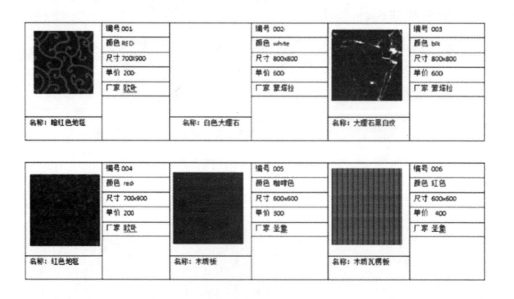

图 4-1-1 材质明细

用前期建立的房间装饰模型，将不同的方案直观展示出来，根据多套室内装修效果图，进行方案比选，确定最终的设计方案，如图4-1-2所示。

方案一　　　　　　　　　　　　　　　　　　　方案二

图 4-1-2　方案比选图

◎**工作难点2：**项目对排板、对缝的要求较高，对卫生间要求为"三同缝"，即墙砖、地砖、吊顶对缝。

解析

　　本项目通过BIM技术结合实际测量进行前期策划，运用BIM模型模拟分析洁具与墙砖、地砖及吊顶板的相对空间位置关系，优化了墙面、地砖、吊顶、洁具的排版，实现了"三同缝"的完美效果。既减少了材料的损耗和返工，也增强了安全美观性能，为工程交付奠定了坚实的基础，如图4-1-3、图4-1-4所示。

图 4-1-3　卫生间排砖效果图（一）　　　　图 4-1-4　卫生间排砖效果图（二）

4.2 内装效果展示

◎**工作难点：** 传统的工作模式是先做样板间，再进行大面积施工的流程，这不仅浪费了时间，还浪费了大量的人力、物力及财力。

解析

BIM技术实现了3D可视化，由BIM工程师完善各类装饰工程中需要的材质信息，从中挑选不同的材质搭配，如图4-2-1所示。

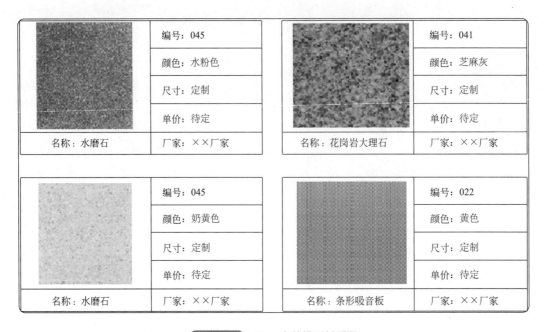

图 4-2-1 BIM 内装模型材质图

建立BIM模型，并进行展示，赋予BIM内装模型材质并进行效果渲染，使装修施工交底更为形象直观；通过装修前后对比，展示大体效果，使各被交底人能对全站装修风格、样式有整体的了解，为工程管理决策提供参考，同时也使工程更有价值。示例如下：

对于多功能报告厅，采用弧形吊顶，线条顺滑流畅，灯具布局匀称，吸音墙板平整、美观，如图4-2-2所示。

对于教室，需要贯彻以人为本的思想，注重生态环境和教学工作质量，做到布局合理、功能齐全且宽敞明亮，并力求在节能方面精益求精，在观感上落落大方，在适用性方面恰到好处，如图4-2-3所示。

　　对于走廊大厅，进行吊顶、灯具、水磨石地面排布，使吊顶平整顺直，地面分色美观，灯具尺寸定位精准，如图4-2-4所示。

　　对于地砖，需要对大厅地砖进行地砖拼砖策划，并且提前用软件对地砖进行预排，以达到预期效果，如图4-2-5所示。

图 4-2-2　多功能报告厅渲染效果图

图 4-2-3　教室渲染效果图

图 4-2-4　走廊大厅渲染效果图

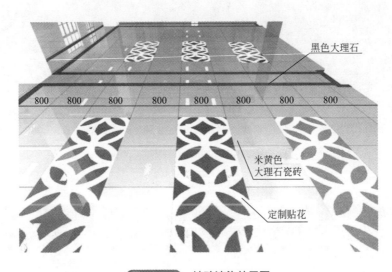

图 4-2-5　地砖渲染效果图

4.3　精装修样板间策划

◎**工作难点1：** 精装修样板间施工周期较长，不能快速、直观地展示设计意图。

解 析

将精装修样板间策划与VR技术相结合，可以把设计构思变成看得见的虚拟物体和环境，更直观地表达设计效果，从而极大地提高设计策划质量和效率。

　　根据精装修设计图纸，结合设计意图，创建三维模型。对室内外灯光、软硬件装饰等进行精准建模，在特定的软件中创建360°视图，结合VR技术进行三维全景虚拟体验，如图4-3-1、图4-3-2所示。

图 4-3-1　室内砌体全景

图 4-3-2　室内精装修全景

◎**工作难点2：** 精装修样板间策划对工程建筑师的总体设计水准要求高，尤其是对于其设计概念、装饰细部处理方法、材料选用等方面；而且对配合工作的方式要求也很高，往往会在深化图纸的审批环节遇到困难，从而导致材料样板报审、订货、样板间的施工与确认等所有后续工作发生连环的负面效应，对工程的进度、质量，以及最终的装饰效果影响很大。

解析

通过三维模型创建，根据精装修设计二维图纸、设计理念，以及客户的需求，分别创建不同的三维精装修模型，结合VR技术全方位展示样板间，使人不再受制于时间、空间，并能够分别展现不同的效果，如图4-3-3～图4-3-5所示。

图4-3-3　精装修样板间 VR 展示方案一

图4-3-4　精装修样板间 VR 展示方案二

图 4-3-5　精装修样板间 VR 展示方案三

4.4　预埋件复核

◎**工作难点1：** 精装修预埋件对施工精度要求高，且细部预埋件的标高、位置难以被准确定位。

解 析

通过现场技术沟通，对样板间、预埋件精准建模，在三维模型中对预埋件位置进行精准放置，并进行三维空间定位，形成相关数据，以用于后期施工中的精装修放样定位，如图 4-4-1、图 4-4-2 所示。

◎**工作难点2：** 精装修样板间深化设计容易对预埋件位置进行二次更改，造成预埋线管、线盒等的二次施工。

解 析

结合主体精装修三维模型，创建预埋构件模型，针对优化调整后的主体精装修模型，预埋构件模型也相对应地进行调整，形成工作闭环，并将工作内容记录在册，以精准指导施工，如图 4-4-3 ～图 4-4-5 所示。

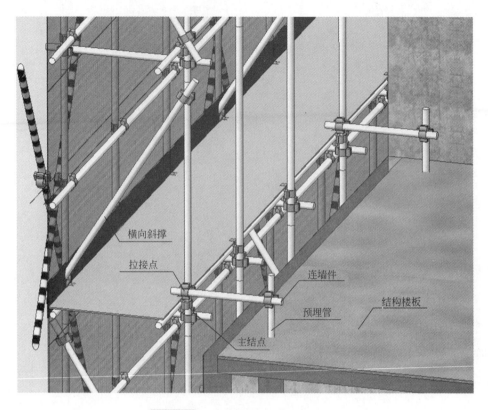

横向斜撑

拉接点

连墙件

预埋管

结构楼板

主结点

图 4-4-1　预埋件精准放样定位（一）

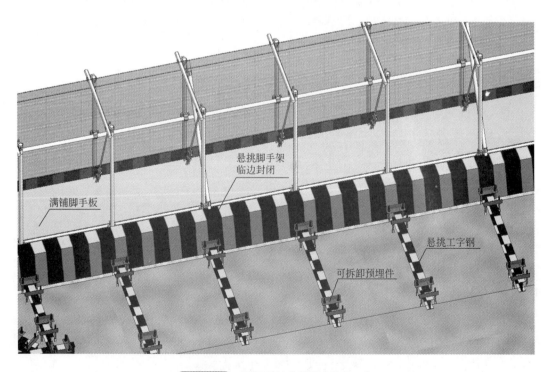

悬挑脚手架
临边封闭

满铺脚手板

悬挑工字钢

可拆卸预埋件

图 4-4-2　预埋件精准放样定位（二）

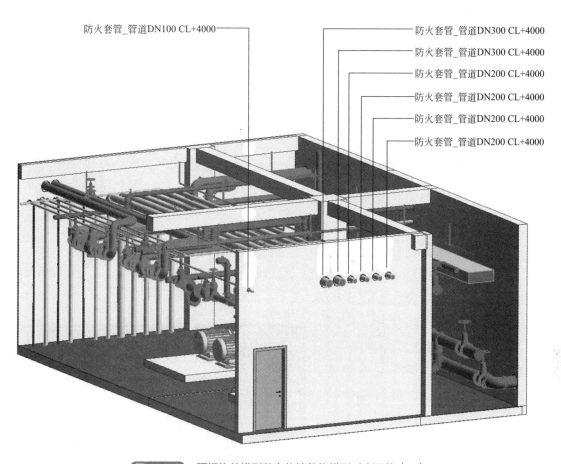

防火套管_管道DN100 CL+4000

防火套管_管道DN300 CL+4000
防火套管_管道DN300 CL+4000
防火套管_管道DN200 CL+4000
防火套管_管道DN200 CL+4000
防火套管_管道DN200 CL+4000
防火套管_管道DN200 CL+4000

图 4-4-3　预埋构件模型随主体精装修模型对应调整（一）

图 4-4-4　预埋构件模型随主体精装修模型
对应调整（二）

图 4-4-5　预埋构件模型随主体精装修模型
对应调整（三）

4.5　幕墙深化

◎**工作难点1：** 异形幕墙深化：大型公共建筑的幕墙工程通常颇具特色，幕墙工程施工成效直接影响到建筑物观感效果，这类建筑的外观要求较高，施工较为困难，为保证外立面的美观性及减小施工难度，需要对异形幕墙进行深化设计。

解析

对于异形程度高、幕墙体量大、幕墙施工难度大的项目，需要通过BIM技术参数化建模功能进行项目的方案建模，辅助表皮优化。利用Rhino软件建立幕墙的体量模型并综合考虑视觉效果和经济性进行网格优化。同时建立幕墙立柱、横梁等构件的族文件。对初期幕墙模型与先前建立的结构、机电模型进行碰撞检查。确保经深化后的模型平立面分格合理，板块分割经济，通风窗、消防救援窗满足消防规范要求，经过与设计的多次协商调整后生成最终的幕墙深化模型，如图4-5-1、图4-5-2所示。

图 4-5-1　深化设计后的幕墙模型图

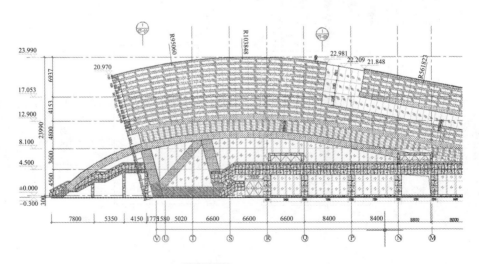

图 4-5-2　幕墙分格图

◎**工作难点2：幕墙节点深化**：幕墙施工涉及门窗、铝横梁立柱、铝框龙骨、面板、背栓、挂件等构件安装，而设计图纸仅表明了幕墙的基本形式、分格尺寸，并未考虑现场情况，无法直接用于施工。

解析

根据施工图的要求绘制幕墙系统节点，充分考虑安装构造、加工工艺等问题，明确幕墙系统区域、安装方式、完成面距离控制、横梁风格定位等信息。完成包括横竖轴标准节点、开启窗节点、层间标准节点模型深化，完成后提交设计人员，由设计人员审核讨论。模型在准确还原设计图纸的基础上针对幕墙节点精细设计，出具细部节点三维模型，采用三维图纸或视频进行技术交底，指导现场施工，确保安装准确、有序。同时针对窗口、洞口、阴阳角、幕墙转换处，结合现场情况（如结构正负偏差）进行优化调整，调整后幕墙外观应缝匀线直、美观大方，如图4-5-3、图4-5-4所示。

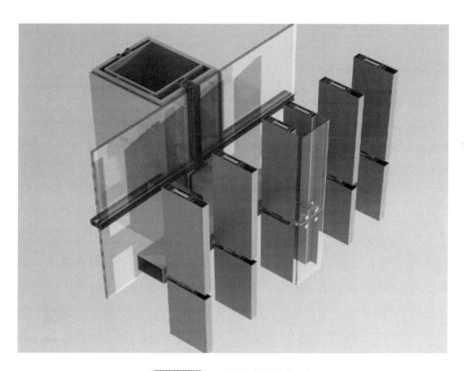

图4-5-3 幕墙节点模型（一）

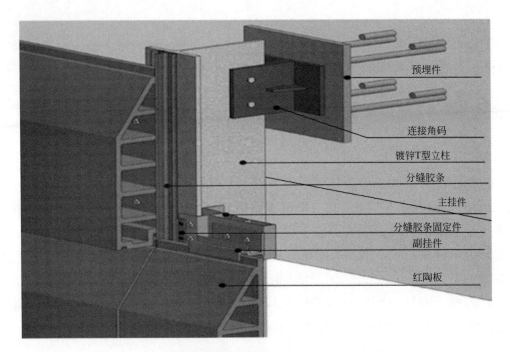

预埋件

连接角码

镀锌T型立柱

分缝胶条

主挂件

分缝胶条固定件

副挂件

红陶板

图4-5-4 幕墙节点模型（二）

4.6　幕墙预制生产安装

◎**工作难点1：** 选材下料：为了达到美观、个性化的装饰效果，幕墙工程往往需要大量的材料，因存在很多复杂的构造，构配件安装精度要求高，所以在施工过程中必须精准下料。

解析

复杂的设计理念使项目的幕墙设计在传统的二维设计中很难实现。因此可以采用BIM技术，将前期在Rhino中所做的幕墙模型链接到Revit中，利用Revit对幕墙的分割进一步深化。在制定及优化单元幕墙的施工方案后，通过Navisworks，模拟幕墙单元构件安装的先后顺序；同时利用Revit建立构件明细表，生成下料单，精准下料，确保安装精度，减轻设计人员在下料阶段的工作量，如图4-6-1所示。

运用算量软件快速计算幕墙工程量，进行指标分析，为劳务及材料采购提供依据。同时高效、准确地计算工程材料消耗量，并导出材料下料表，指导施工，以提高材料管控水平，减少材料浪费，如图4-6-2所示。

幕墙嵌板明细表						
族与类型	区域上宽	区域下宽	区域右高	区域左高	上宽	下宽
可编号的幕墙嵌板：玻璃幕墙嵌板	793	813	678	657	786	807
可编号的幕墙嵌板：玻璃幕墙嵌板	1048	1067	657	639	1046	1064
可编号的幕墙嵌板：玻璃幕墙嵌板	1112	1149	639	602	1112	1146
可编号的幕墙嵌板：玻璃幕墙嵌板	1125	1151	602	577	1125	1147
可编号的幕墙嵌板：玻璃幕墙嵌板	1117	1155	577	539	1116	1150
可编号的幕墙嵌板：玻璃幕墙嵌板	1191	1163	539	567	1192	1156
可编号的幕墙嵌板：玻璃幕墙嵌板	922	843	591	512	925	844
可编号的幕墙嵌板：玻璃幕墙嵌板	1002	1002	512	513	1005	1005
可编号的幕墙嵌板：玻璃幕墙嵌板	1018	971	513	466	1020	972
可编号的幕墙嵌板：玻璃幕墙嵌板	975	973	466	464	975	973
可编号的幕墙嵌板：玻璃幕墙嵌板	1000	971	464	435	1000	970
可编号的幕墙嵌板：玻璃幕墙嵌板	997	988	435	427	995	986
可编号的幕墙嵌板：玻璃幕墙嵌板	994	977	427	409	991	973
可编号的幕墙嵌板：玻璃幕墙嵌板	1006	992	409	395	1004	990
可编号的幕墙嵌板：玻璃幕墙嵌板	1005	992	395	382	1003	989
可编号的幕墙嵌板：玻璃幕墙嵌板	1003	992	382	371	998	988

图 4-6-1　幕墙嵌板明细表

〈外侧幕墙工程量统计〉		
A	B	C
构件名称	朝向	工程量(m²)
MQ12	东侧	216.358
MQ12	东侧	103.464
东侧		319.822
MQ1	北侧	131.820
MQ7	北侧	26.516
MQ7	北侧	26.010
北侧		184.346
35mm厚花岗岩石材	南侧	275.379
MQ4	南侧	80.808
MQ6	南侧	140.130
MQ11	南侧	21.435
MQ11	南侧	29.574
南侧		547.326
总计		1051.494

图 4-6-2　幕墙工程量统计

◎**工作难点2：**构件安装定位：幕墙工程材料种类、规格、尺寸多，安装精度高，构件安装时施工效率低。

📖 **解析**

建立建筑工程三维模型后，利用数字化技术，为模型提供完整的、与实际情况一致的建筑工程信息库。该信息库不仅包含描述建筑物构件的几何信息、专业信息及状态信息，而且还包含非构件对象（例如空间）的状态信息。

根据施工组织计划，分区对幕墙构件进行编号，制作出幕墙安装编号图。利用Revit明细表的数据，输出构件列表。之后根据模型导出的各构件明细表确定每个幕墙构件的精确定位，通过对幕墙构件的属性编辑，生成专属于每个构件的二维码，然后为厂家提供下料清单和二维码贴图，指导工厂预制化生产，确保材料精准下料、定位准确，提升幕墙的现场施工效率，如图4-6-3、图4-6-4所示。

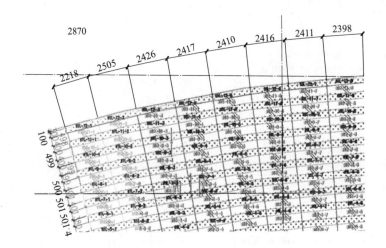

图 4-6-3　为每个构件赋予编号和属性

生产厂家	类型	
	6(Low-E) +12A+6+1.52PVB+6mm 中 空钢化夹胶玻璃	
生产日期	编码	使用位置
2016年5月 18日	1010525	主体南栋

图 4-6-4　构件专属的二维码标识

第5章 建筑机电安装专项应用

5.1 管线综合优化

◎**工作难点：**在管线综合模型中，BIM方案与现场情况没有很好地结合，难以落地实施，不能满足业主的需求。

解析

　　由于机电设备各个系统的管线较复杂，工程量较大，但建筑物内可利用的空间有限，因此造成了现场施工中各个系统管线间的碰撞，如果未能在项目前期对管线进行综合优化，必将影响楼层的净空高度，从而影响建筑物的观感和使用效果。因此，需要根据施工现场的情况，通过使用BIM技术，对各专业管线设备在空间上的排列走向进行优化，提高净空高度，保证管线综合布置的可行性、美观性及实用性。

　　管线综合优化流程图如图5-1-1所示。

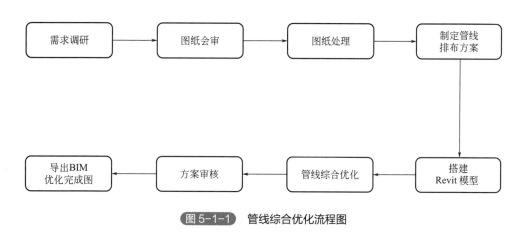

图5-1-1 管线综合优化流程图

（1）需求调研。

BIM方案最基本的要求是要满足业主的需求，在做管线综合优化前必须要对业主的需求进行调研，然后基于业主对方案的需求进行管线综合优化工作。

（2）图纸会审。

相关单位需要对设计院提供的CAD蓝图进行图纸会审，审查图纸的完整性，以及图纸表达是否清晰、完整、正确；检查系统图、平面图、大样图的表达内容是否一致，若图纸有问题则需要及时向设计院提出。

（3）图纸处理。

1）由技术人员对CAD蓝图进行处理，淡化、隐藏或者删除不需要的图层。

2）由技术人员将CAD蓝图的水、暖、电等专业图纸，分专业、分楼层进行图纸分割，导出分割的图纸，图纸文件命名应统一。

（4）制定管线排布方案。

由技术人员分楼层分区域制定相应的管线优化方案。截取走廊、地下室等管道密集处或机房等重点部位，绘制管道系统的局部剖面图，根据管道系统与结构特点，在剖面图中明确各个系统管道的标高与定位。管线排布方案应满足相关规范、标准要求，且不得与管线优化原则相冲突。

（5）搭建Revit模型。

BIM模型的建立一般是分层、分专业，将各专业已处理好的CAD图纸分楼层导入Revit项目文件中，按设计图纸分层、分专业逐一搭建模型；各专业模型搭建完成后，将土建的建筑与结构模型链接到本项目上，合成全专业三维模型。

（6）管线综合优化。

由技术人员根据已确定的管线排布方案，对模型进行管线避让、优化调整，解决所有的管道间碰撞问题。BIM管线综合优化要注意以下几方面：

1）BIM管线综合优化前，需要对重要位置进行现场踏勘；

2）BIM管线综合优化前，所有系统模型都需要链接到项目中；

3）BIM管线综合优化应考虑管线保温层，考虑管线安装和检修空间及支吊架安装空间；

4）一般情况下，管道的布置应尽量靠墙、靠柱、靠内侧，尽可能留出较多的维护空间。但管道与管井墙面、柱面的最小距离及管道间的最小布置距离应满足检修和维护要求；

5）BIM管线综合优化应符合规范和使用要求，排布合理、整齐美观，在出入口位置尽量不安排管线，以免人员进出时，使人产生压抑感。

管线综合排布局部三维效果图如图5-1-2所示。

（7）方案审核。

BIM方案经项目部审核通过后，报公司审核，然后报业主和设计院审核，待管理人员批准后方可实施。

（8）导出BIM优化完成图。

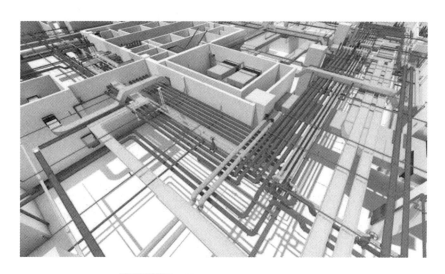

图 5-1-2　管线综合排布局部三维效果图

5.2　综合支吊架

◎**工作难点1:** 综合支吊架布置间距不满足规范要求,布置综合支吊架时没有考虑抗震支吊架的位置和抗震支架的斜向支撑的空间。

解析

综合支架布置间距过大,会导致管道局部变形、下沉,影响管道使用安全,甚至造成管道脱落,引发质量事故。布置综合支架时若未考虑抗震支架,会导致支吊架间距不均匀,布置不美观。

（1）根据《建筑给水排水及采暖工程施工质量验收规范》GB 50242—2002,管道支架布置应符合规定,如表5-2-1 ~ 表5-2-3所示。

塑料管及复合管管道支架的最大间距　　　　　　　　　　　　　　　　表 5-2-1

管径（mm）			12	14	16	18	20	25	32	40	50	63	75	90	110
最大间距（m）	立管		0.5	0.6	0.7	0.8	0.9	1.0	1.1	1.3	1.6	1.8	2.0	2.2	2.4
	水平管	冷水管	0.4	0.4	0.5	0.5	0.6	0.7	0.8	0.9	1.0	1.1	1.2	1.35	1.55
		热水管	0.2	0.2	0.25	0.3	0.3	0.35	0.4	0.5	0.6	0.7	0.8		

钢管管道支架的最大间距 表 5-2-2

公称直径（mm）		15	20	25	32	40	50	70	80	100	125	150	200	250	300
支架的最大间距（m）	保温管	2	2.5	2.5	2.5	3	3	4	4	4.5	6	7	7	8	8.5
	不保温管	2.5	3	3.5	4	4.5	5	6	6	6.5	7	8	9.5	11	12

铜管管道支架的最大间距 表 5-2-3

公称直径（mm）		15	20	25	32	40	50	65	80	100	125	150	200
支架的最大间距（m）	垂直管	1.8	2.4	2.4	3.0	3.0	3.0	3.5	3.5	3.5	3.5	4.0	4.0
	水平管	1.2	1.8	1.8	2.4	2.4	2.4	3.0	3.0	3.0	3.0	3.5	3.5

（2）布置综合支架时应考虑选择抗震支架，在符合规范、标准的前提下，应预留抗震支架位置，支架布置应均匀美观。

◎**工作难点2：** *综合支吊架的类型及型号的选择不合理，选择支吊架时没有进行受力分析，难以满足设计和使用的要求。*

解析

综合支吊架的类型及型号过大会导致材料的浪费，型号过小则会使支架不满足荷载要求，导致支架变形甚至脱落，导致质量事故。

（1）依据管线综合排布情况确定需要布置支架的管道，制定综合支架方案、支吊架的布置方案，并查找支吊架的布置应该遵循的安装标准、规范，综合支吊架的类型及型号进行选择，选择要合理，且满足承载力要求。

（2）根据管道排布选择支架、吊架、立管支吊架等形式，调整支吊架与管线间距、横杆型号、吊杆型号、生根面、安装点等参数，生根面尽量选择结构梁，保证支架受力牢固。

管线综合排布局部三维效果图如图 5-2-1 所示。综合支架方案设计如图 5-2-2 所示。

（3）支吊架布置后需要对支吊架进行校核、受力分析，才能用于现场施工。借助软件进行支架受力分析时，点击需要校核的支吊架进入校核界面。确定支架连接方式为铰接或刚性连接，设置管道类型、管道保温、管道内介质类型等参数，设置完成后开始进行支架受力情况验算，如图 5-2-3 所示。

（4）对跨度、杆件、焊缝、锚栓、锚板等内容的验算结果进行分析，对不合格项进行检查，调整支架相应部位设计内容，直至验算结果全部满足要求为止。

图 5-2-1　管线综合排布局部三维效果图

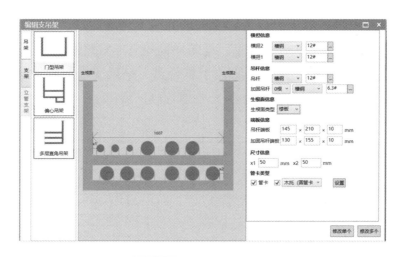

图 5-2-2　综合支架方案设计

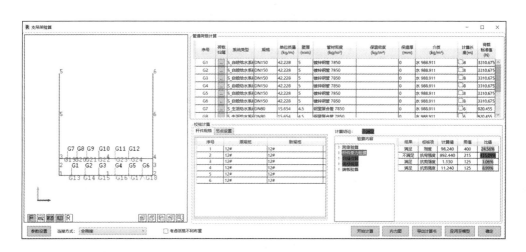

图 5-2-3　综合支架受力分析

5.3 净高检查及优化

解析

净高分析是BIM技术必不可少的应用之一，有多种表现方式。平面的区域填充和管线的颜色填充都能使人们从整体上对建筑净高有一个大致的了解，而局部的三维图、剖面图则大多运用在管线密集处的重点、难点处。通过对三维模型的分析，可以使人们对局部的管线高度、建筑净高等有非常直观的认识。

（1）如图5-3-1所示，排烟风管位于车行道，贴梁安装。通过净高分析可知风管底标高为2690mm。不符合业主对车行道标高的要求。

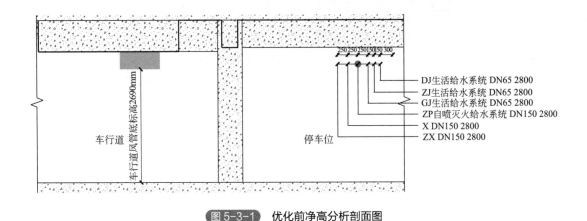

250 250 250 150 150 300

DJ生活给水系统 DN65 2800
ZJ生活给水系统 DN65 2800
GJ生活给水系统 DN65 2800
ZP自喷灭火给水系统 DN150 2800
X DN150 2800
ZX DN150 2800

车行道风管底标高2690mm

车行道

停车位

图 5-3-1 优化前净高分析剖面图

（2）根据《建筑防烟排烟系统技术标准》GB 51251—2017中4.4.12的规定："排烟口的设置应按本标准第4.6.3条经计算确定，且防烟分区内任一点与最近的排烟口之间的水平距离不应大于30m"，可以适当调整风管的位置，将风管放到停车位的上方，从而提高车行道净高，风管位置调整后净高分析剖面图如图5-3-2所示。

（3）根据《民用建筑供暖通风与空气调节设计规范》GB 50736—2012中6.6.1的规定："通风、空调系统的风管，宜采用圆形、扁圆形或长、短边之比不大于4的矩形截面"，可以适当改变排烟风管宽高比，在保证风管截面积不变的情况下，适当减小风管高度，增加风管宽度，从而提高车行道净高，风管尺寸调整后净高分析剖面图如图5-3-3所示。

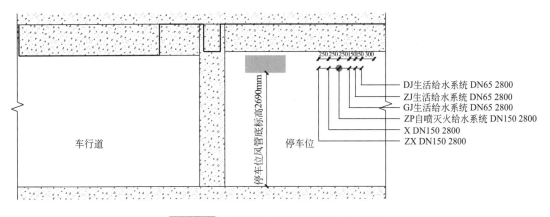

DJ生活给水系统 DN65 2800
ZJ生活给水系统 DN65 2800
GJ生活给水系统 DN65 2800
ZP自喷灭火给水系统 DN150 2800
X DN150 2800
ZX DN150 2800

图 5-3-2　风管位置调整后净高分析剖面图

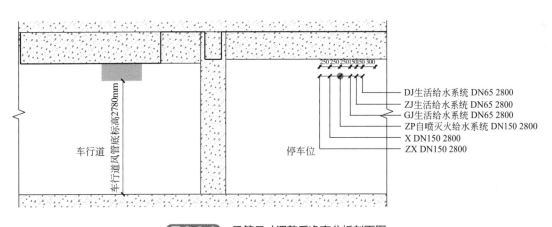

DJ生活给水系统 DN65 2800
ZJ生活给水系统 DN65 2800
GJ生活给水系统 DN65 2800
ZP自喷灭火给水系统 DN150 2800
X DN150 2800
ZX DN150 2800

图 5-3-3　风管尺寸调整后净高分析剖面图

5.4　预留洞口定位

◎**工作难点：** 在机电安装工程中，机电管线穿过防火隔断、墙壁、楼板时，需要配合建筑、结构工程预留孔洞。由于现场需要预留的洞口数量多、尺寸繁杂，因此洞口预留尺寸和位置的准确性难以保证。

解析

预留预埋工程是机电工程施工的起点，也是整个机电工程质量保证的基础，是保证机电管线准确性、结构完整性，实现建筑标高和功能要求的一项精细化工程。洞口预留尺寸有误、预留位置不准确，会造成管线套管不居中，管线无法穿过，进而导致现场二次开洞。

（1）确定管道安装方案。

按照"管线综合优化""净高检查及优化"的实施指南要求，完成管线综合及净高优化，明确各个系统管道的安装位置与标高。

对管井进出口、机房进出口等主管道集中部位的安装方案进行复核，确认管道类型、管径、安装要求及预留洞口要求等内容。

（2）确定预留洞口方案。

对完善后的模型进行洞口开洞，完成后再次复核洞口是否有误，确保洞口定位准确后，对洞口进行标注说明。确定管道安装位置与标高后，确定管道穿墙、穿梁、穿楼板的位置与尺寸。对于穿墙洞口的尺寸超过300mm的位置，需要在洞口上方增设混凝土过梁。

（3）复核预留洞口定位方案。

参照设计蓝图，按楼层、分专业，与预留洞口的方案逐一复核；确定开洞口数量、位置、规格是否与原设计一致，风管洞口预留三维示意图如图5-4-1所示，管线穿墙洞口定位图如图5-4-2所示。对有调整的位置需要进行记录，并报设计院与业主及相关参建单位确认。

（4）方案审核。

BIM方案经项目部审核通过后报公司审核，然后报业主、设计院审核，待管理人员批准后方可实施。

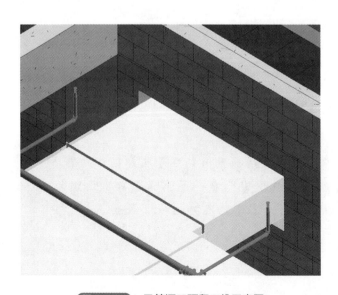

图 5-4-1　风管洞口预留三维示意图

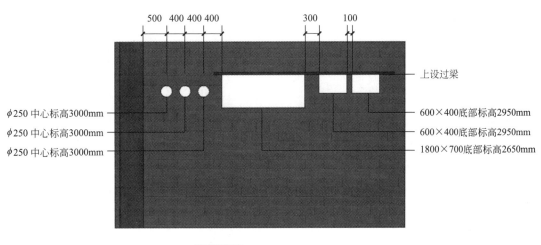

500　400 400 400　　　300　　100

上设过梁

φ250 中心标高3000mm　　　　　　　　　　　　　　600×400底部标高2950mm

φ250 中心标高3000mm　　　　　　　　　　　　　　600×400底部标高2950mm

φ250 中心标高3000mm　　　　　　　　　　　　　　1800×700底部标高2650mm

图 5-4-2　管线穿墙洞口定位图

5.5　大型设备运输路线规划

◎**工作难点：** 大型设备在施工现场的二次运输包括室内外水平运输及垂直运输。大型设备通常在室外被运输至吊装位置附近，从预留吊装洞口直接吊入地下室或垂直运输至屋面（指定楼层），再进行室内水平运输。大型设备在施工现场的二次运输通常受到通道尺寸、净空、通畅性及结构荷载强度等方面的影响，因此如何合理规划运输路线，保证运输畅通，确保设备安全运输到位是大型设备二次运输的重难点。

解析

大型设备的二次运输应根据机房项目实际情况，制定吊装及运输方案，确保装配单元运输就位。在规划运输路线时应考虑线路净宽、净空、最小转弯半径、道路荷载强度等方面的要求。

（1）通道净宽与清障。

运输线路需要确定的内容：运输道路路面自身的宽度能满足车辆通行的要求；道路两侧空间宽度能满足设备运行中扫空区域的要求；建筑内预留运输孔洞宽高应分别大于对应设备1000mm。

受通道净宽限制不能通过时，可对道路进行清障处理，修剪、移植、砍伐道路两侧树木，可临时移位、拆除交通标志牌，可临时拆除灯杆和临时建筑物，或利用其他通道来解决此问题。

（2）通道净高与清障。

运输线路上部受架空线路影响时，常采取两种措施：设备通行前将通信线路架高；设备通行过程中，利用云梯、竹竿等机具，将线路抬高。遇桥梁、高压线与干线管廊不易拆除时，可考虑在障碍物下降低路面高度。路面下降后，将形成凹形坡道，为保证运输设备车辆顺利通过，应在坡道处形成缓冲坡道。这种情况下，线路上方的管廊、支线管廊可以提前拆除、抬高，或者可以重新规划线路。

（3）通道转弯半径与拓展。

对于超长大型设备的运输，车辆通常利用道路的最大转弯半径来实现转弯。经三岔路口，车辆可采用前进后退式的行驶方式。当道路的最小转弯半径不符合要求时，应考虑采用拓宽道路或利用其他通道的解决方法。

转弯半径的计算如图5-5-1所示。

（4）通道荷载校核和强度的提高。

规划运输路线时，应提前向结构工程师提交运输线路走向及设备重量，复核坡道、楼板的荷载，明确是否对结构采取加固措施，以满足运输要求。在线路弯道处，由于设备体积大，车辆需要反复移位，因此对路面荷载能力要求更高。

对于不能满足要求的局部泥土与碎石路段、弯道处、地下管网上方，可以通过铺设8～12mm厚的钢板提高道路荷载强度。对于大范围不能满足运行要求的路段，则需要对其重新修建，道路铺设钢板如图5-5-2所示。

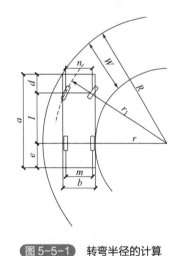

图 5-5-1　转弯半径的计算

图 5-5-2　道路铺设钢板

5.6　机房创优工程应用

◎**工作难点1：**建筑机电安装工程中，设备机房是各个专业系统的核心。对于施工方式，各单位、各专业施工时往往各行其是，缺乏统一的协调管理。因此传统机房的策划和施工大多效果差。

解析

采用基于BIM技术的机房设备及管线综合深化设计，运用虚拟可视化技术建立全专业模型，将模型中所有设备、阀门等构件按1∶1比例进行高精度建族、建模，检查模型中的管道碰撞问题，并解决该问题；明确支吊架设计的样式、规格、选型及布置点位。充分考虑机房的整体美观和后续使用阶段对于设备维护检修所需要的空间情况，部分示意图如图5-6-1、图5-6-2所示。

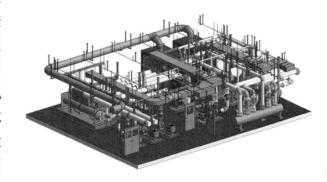

图 5-6-1　机房深化设计模型三维效果图

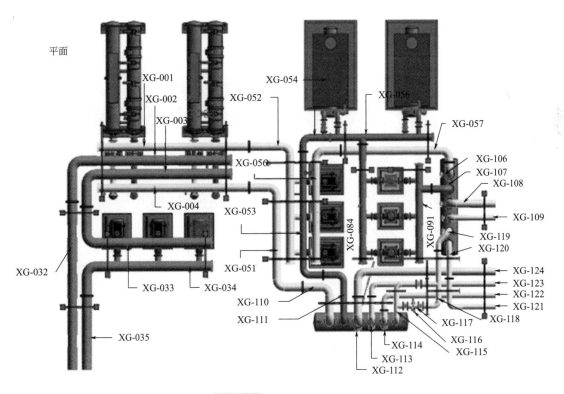

图 5-6-2　管道分段编号图

◎**工作难点2**：传统做法是在现场直接下料，焊接、安装管道。这样不仅难以保证设备、管道的安装精度，而且现场手工切割、焊接管道容易产生夹渣、气孔、裂纹、咬边、焊穿等质量问题。

解析

采用工厂管道预制、模块化预装配，可以有效提升预制构件的安装效率和质量。基于深化设计模型对管道系统合理分段，将所有管道分段出图，并生成符合工厂加工要求的管段预制加工图，如图5-6-3所示。管道构件的制作宜根据材料的规格、型号，集中批次进行切割、焊接、涂漆等工作，如图5-6-4所示。管道切割宜采用自动化切割设备，并应符合下列规定。

（1）切口表面应平整，尺寸应正确，并应无裂纹、重皮、毛刺、凸凹、缩口、熔渣、铁屑等现象。

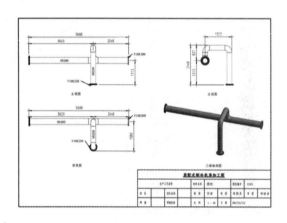

图 5-6-3　管道预制加工图

图 5-6-4　管道工厂预制加工

（2）管道切割加工时的尺寸允许偏差应符合《装配式机电工程BIM施工应用规程》T/CSPSTC 47—2020中的规定，如表5-6-1所示。

管道切割加工尺寸允许偏差　　　　　　　　　　　表 5-6-1

项目			允许偏差
长度			±2 mm
切口垂直度	管径	DN ≤ 200 mm	1 mm
		200 mm < DN ≤ 450 mm	1.5 mm
		DN > 450 mm	2 mm

（3）应考虑法兰厚度、焊接间隙等因素对管道下料尺寸的影响，如表5-6-2所示。

管道焊接坡口形式和尺寸　　　　表 5-6-2

项次	厚度 T（mm）	坡口名称	坡口形式	坡口尺寸			备注
				间隙 C（mm）	钝边 P（mm）	坡口角度 α（°）	
1	1 ~ 3	I形坡口		0 ~ 1.5 单面焊			内壁错边量 ≤0.25T，且 ≤2 mm
	3 ~ 6			0 ~ 2.5 双面焊	—	—	
2	3 ~ 9	V形坡口		0 ~ 2.0	0 ~ 2.0	60 ~ 65	
	9 ~ 26			0 ~ 3.0	0 ~ 3.0	55 ~ 60	
3	2 ~ 30	T形坡口		0 ~ 2.0	—	—	

（4）管道坡口组对及焊接宜采用自动化设备，制作加工尺寸允许偏差应符合《装配式机电工程BIM施工应用规程》T/CSPSTC 47—2020中的规定。如表5-6-3所示。

管道预制加工尺寸允许偏差　　　　表 5-6-3

项目		允许偏差
管道与弯头组对内壁错边量		不超过壁厚的20%且不大于2.0mm
管道与弯头连接时管道角度偏差		± 0.5°
法兰面与管道中心垂直度（mm）	DN ≤ 200	0.5
	DN ≤ 250	1.0
法兰螺栓孔对称水平度		± 1.0

第6章 装配式建筑专项应用

6.1 预制混凝土构件图纸深化

◎**工作难点1：** 构件的节点连接问题。

解析

在应用构件时，应加强对其节点连接的重视。对于技术构件的深化设计，其节点连接的主要问题可表现在以下三个方面。

首先，梁与柱的主钢筋碰撞问题。设计人员在对构件应用方案进行设计时，未充分考虑构件之间钢筋连接部位的空间关系，就会导致钢筋碰撞问题出现，这将严重影响构件使用效果。

其次，墙板与柱的连接钢筋缺失问题。在应用构件时，无论是墙板与墙板之间，还是墙板与柱之间，都需要使用钢筋来连接。若出现了钢筋缺失问题，那么极容易造成结构不稳或墙面密封性下降等问题，会对建筑质量产生影响。

最后，构件与现浇结构的不合理连接问题。以某装配式建筑工程为例，工程中预制楼梯的分隔墙板搁置在现浇梯梁上，但施工人员并没有使用预留钢筋锚固，其结构连接不合理，导致梯梁的下部纵向钢筋在墙板处断开。针对此问题，可以利用BIM三维可视化的特性，在保证预制率和装配率的前提下，将模型拆分成模数化、体系化预制构件，并将构件连接节点细部拆分展示。

◎**工作难点2：** 构件与设备安装的不协调问题。

解析

通常来说，构件与设备安装的不协调问题集中表现在构件尺寸与水电管线预埋需求不符。例如，依据设计人员所做方案，所用叠合板厚度为12cm，其中预制板与后浇部分的厚度相同，均为6cm，板的上部应用直径为10mm的双向钢筋。在使用时，除去上部钢筋混凝土保护层厚度，仅余2.5cm空间，根本无法满足管线预埋需要。设计人员必须将后浇部分高度调整到8cm，才能解决此问题。

　　预制混凝土构件（简称PC构件）的位置偏差过大，无法满足安装需求，也是其深化设计的问题之一。在设计环节，许多设计师忽略了消防、照明管线预埋及开关盒位置的合理设计，致使PC构件的使用效果大打折扣。而且，许多设计师在完成PC构件应用方案深化设计后，仍容易出现管线与专业规范不符的问题，这将严重影响建筑施工的安全性与有效性。

◎**工作难点3**：PC构件施工。

　　装配式建筑PC构件深化设计的问题也在构件施工中有所体现。例如，在施工中常出现构件吊装位置或吊环规格不符的问题。施工人员应以PC构件的规格、质量及吊装工艺需求来选择吊环。尤其是在叠合板吊装问题上，若施工人员未根据叠合板预制部分的厚度来选择吊环，则容易损坏叠合板。此外，施工中还容易出现固定施工外脚手架的预留孔缺失问题。使用如图6-1-1所示的外挂式防护架时，需要在构件上预留出螺栓紧固孔；如果使用普通的悬挑脚手架，那么就需要在梁板结构中做好必要预埋件的预留工作。若施工时出现预留孔或预留件缺失，则不仅会对PC构件造成损坏，更会严重影响结构的稳定性，甚至会埋下施工安全隐患。

图6-1-1　外挂式防护架

解析

装配式建筑PC构件BIM深化设计问题的解决方法。

为有效解决装配式建筑构件BIM深化设计问题，相关工作人员应了解装配式建筑的特点及PC构件的应用特点和施工要点。同时，设计人员还需要加强对施工现场环境信息的采集，以此为依据对原有的施工设计方案或图纸进行补充、优化，使其可实施性得到显著提升。经过深化设计的施工方案或图纸，必须与原方案设计的技术要求和质量要求相符，还需保证其遵从行业和地区的施工设计规范，成为真正具有可以直接指导现场施工意义的设计方案。

（1）实现统筹规划。

大多数装配式建筑的PC构件设计都采用了"由整至零"的设计思路。这种设计思路虽然具有全面性，但是对PC构件使用的细节把控不强，而且也不能真正满足设计的深化需求。所以，应利用BIM技术对这种设计方法进行改良，优先完成装配式混凝土结构的方案设计，再确定建筑的整体布局。在实践环节中，设计人员可依据自身所擅长的领域，分别完成建筑结构设计、机电设备应用设计和室内装饰设计；此后，应根据项目的使用功能及其装修需求，对各环节设计内容的合理性进行评估，确保经过深化设计的方案能满足建筑的整体设计布局需求和构件的集成化需求，相关示意图如图6-1-2 ~ 图6-1-5所示。

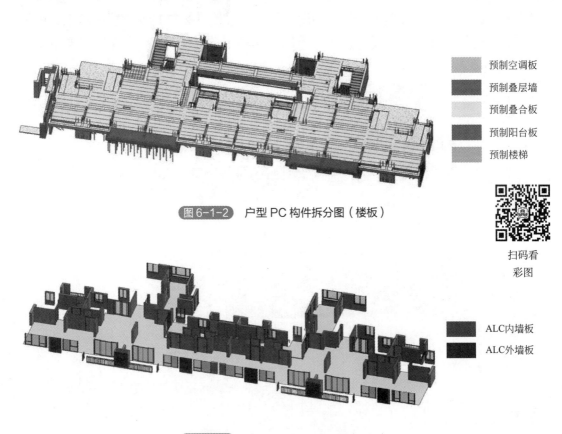

预制空调板
预制叠层墙
预制叠合板
预制阳台板
预制楼梯

图6-1-2 户型PC构件拆分图（楼板）

扫码看
彩图

ALC内墙板
ALC外墙板

图6-1-3 户型PC构件拆分图（墙板）

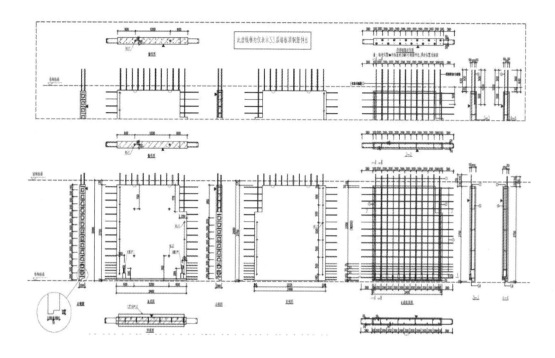

图 6-1-4　预制构件深化图纸

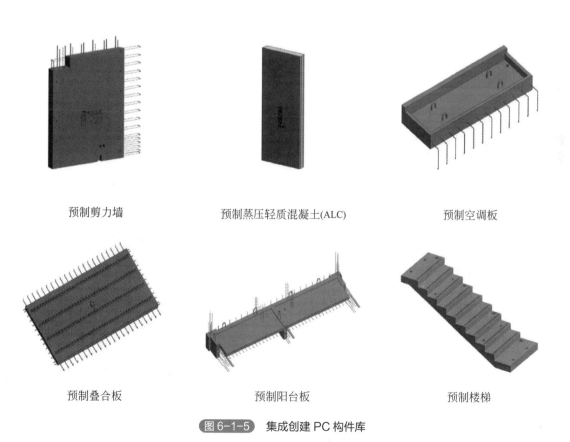

预制剪力墙　　　　　　预制蒸压轻质混凝土(ALC)　　　　　　预制空调板

预制叠合板　　　　　　　　预制阳台板　　　　　　　　预制楼梯

图 6-1-5　集成创建 PC 构件库

（2）综合考量施工因素。

设计人员要完成深化设计，就必须充分考虑施工影响因素。为此，他们需要综合考量施工的技术措施，并根据PC构件的制作和安装要求，实现设计优化。以某装配式建筑工程的PC构件深化设计工作为例，该工程设计人员以资料收集、现场调研和共同探讨等方式明确了PC构件的制作、安装需求。然后，设计人员依据已掌握的所有信息，以满足PC构件的施工技术要求为基础，开展深化设计；既满足了施工结构的安全性要求，又降低了PC构件的施工难度，使构件的使用质量得到了有效提升。

（3）细化节点构造措施。

在装配式建筑中安装PC构件时，应重视其节点构造工作。设计人员应重视梁、柱、墙中的重要连接节点，并采用合理的细化构造措施。例如，为保证梁、柱节点的连接质量，设计人员需要在此环节进行深化设计。可依据实际施工需求出具钢筋连接或锚固的详细尺寸，也可设计出模板安装的大样图，以提升此处施工的有效性。在剪力墙连接方面，不仅需要明确地规定和标注连接钢筋的位置及其套筒规格、注浆工艺；还应合理设置临时支撑及可调垫片的位置，提高剪力墙连接的可行性与有效性。在深化设计环节，技术人员也可以应用各种技术来提升节点连接的精度要求。实际工作中，可依据施工需求合理地应用各种技术，让节点构造变得更为完善，减少构件和管线、设备在空间位置上的碰撞，以降低施工难度和成本，更为高效地开展相关工作。利用BIM三维可视化的特性，在保证预制率和装配率的前提下，将模型拆分成模数化、体系化预制构件，将构件连接节点细部拆分展示，部分展示图如图6-1-6 ~图6-1-9所示。

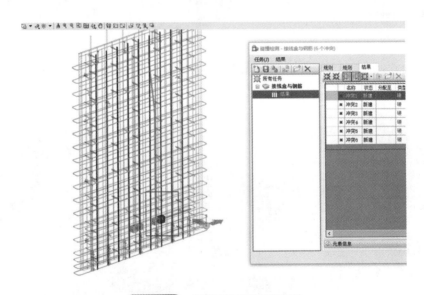

图 6-1-6　钢筋及预埋件深化设计

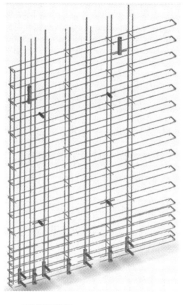

图 6-1-7 三维可视化钢筋

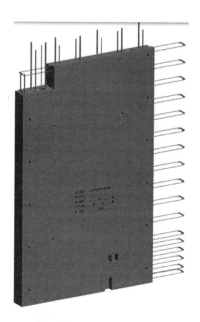

图 6-1-8 三维可视化构件

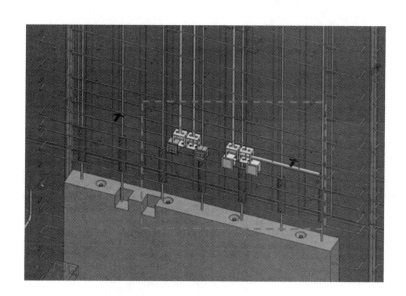

图 6-1-9 精细深化后可视化效果

6.2 装配式建筑拼装与构件生产

6.2.1 基于BIM技术的PC构件吊运及安装

◎**工作难点：** *构件运输和安装困难。*

装配式建筑的构件都是在工厂里进行加工的，需要将构件运输到现场进行安装。但是，有些大型的构件很难运输和安装，需要特殊的设备和技术支持。

解析

（1）利用BIM技术进行运输吊装模拟。

PC构件可以在构件吊装前，利用BIM技术进行PC构件吊装施工模拟，三维模拟软件对各种不同构件的吊装顺序、吊装路径、吊装施工工艺流程等进行模拟施工，优化和调整吊装工艺和工序，选择最优的构件吊装方案，从而提高PC构件吊运和安装施工的可行性和安全性。借助三维仿真技术进行PC构件吊装施工的可视化技术交底，全方位地保障构件吊装过程的顺利进行，以避免后期造成的工期延误及施工成本的增加，相关示意图如图6-2-1、图6-2-2所示。

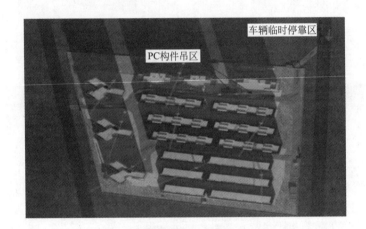

图6-2-1 进场路线图

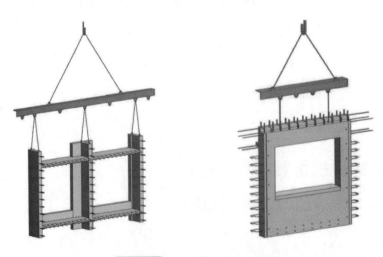

图6-2-2 预制外墙吊点布置图

（2）三维节点模拟安装。

将制作完成的各节点详图模型，配合尺寸标注、施工做法、材料要求、工艺标准等用于技术交底，指导现场施工，相关节点示意图如图6-2-3 ~ 图6-2-5所示。

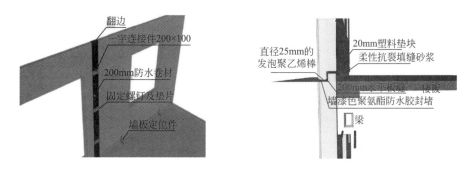

图 6-2-3　外墙竖向及水平接缝节点

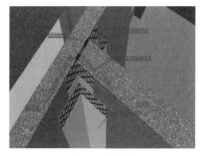

图 6-2-4　内墙与内隔墙和剪力墙拼缝节点

图 6-2-5　内隔墙与楼板水平拼缝节点

6.2.2　装配式PC构件制作与验收

◎**工作难点：**维护和修理难度大。

装配式建筑的构件都是预制的，很难进行维护和修理。如果某个构件出现问题，需要更换整个构件，会增加维护和修理的难度和成本。

（1）结构质量通病。

这类质量通病可能影响结构安全，属于重要质量缺陷，如混凝土强度不足、裂缝、灌浆孔堵塞等。

（2）尺寸偏差通病。

这类质量问题不一定会造成结构缺陷。例如PC构件外形尺寸偏差、表面平整度、垂直度超过规范允许偏差值。预埋件尺寸偏差包括各种线盒、管道、吊点、预留孔洞等中心点位移超过规范允许偏差值。

（3）外观质量通病。

这类质量通病对结构、建筑通常都没有很大影响，属于次要质量缺陷，但在外观要求较高的项目中，这类问题就会成为主要问题。例如经过多次起吊、堆放、运输等环节，在这些过程中极易产生裂缝、缺角掉边的情况。在生产过程中产生表面气泡、蜂窝、麻面等缺陷。

解析

（1）对于PC构件的生产，从构件的设计图纸出图，到构件生产施工的整个过程，每个步骤都要明确工作内容和施工要点。

（2）检验：组模、涂刷脱模剂、钢筋制作、钢筋安装、套筒安装、预埋件安装等环节，必须检验合格后才能进行下道工序；下道工序作业指令须经质检员同意并签字后方可下达。

（3）PC构件制作完成之后，须进行构件检验，包括缺陷检验、混凝土强度、尺寸偏差检验、套筒位置检验、伸出钢筋检验等，相关图片如图6-2-6～图6-2-8所示。

图6-2-6　构件生产过程检查

图 6-2-7　钢筋检验

图 6-2-8　尺寸偏差检验

6.3　施工动画仿真模拟

◎**工作难点1：风险评估不准确。**

风险评估不准确会使施工人员很难预测施工过程中的风险和挑战，导致施工中因缺乏预测而造成额外费用的产生和工期的延误。

◎**工作难点2：工艺和流程优化不足。**

施工流程和工艺上的不足往往会导致各种问题，使工作难以达到最佳状态，导致施工效率低下和工程质量不佳。

◎**工作难点3：** 缺乏设备和资源的规划。

对于施工规划预测所需要的设备和资源分配，可能出现资源过少或过多的问题，导致施工进度受到限制。

解析

（1）BIM仿真模拟指导现场施工。

主控线经校正无误后，采用铅垂仪将主控线引测到每层楼面上，根据竖向构件布置图用标准钢卷尺、经纬仪测量出剪力墙等的测量控制线。并对预留插筋进行位置复核。对个别偏差较大的插筋，应将插筋根部混凝土剔凿至有效高度后，再进行冷弯校正，相关示意图如图6-3-1所示。

图6-3-1 仿真模拟现场放线施工

（2）剪力墙吊装施工。

该方法采用吊装梁垂直起吊的方式，将墙板构件吊装到操作面，由底部定位装置及人工辅助引导至安装位置，并保证其底部稳定水平，在底部放置垫片，使预留钢筋插入灌浆套筒内，安装墙板临时支撑，检查墙板安装位置、垂直度、水平度，并调节支撑紧固。采用专用座浆料进行墙根部分仓封堵，座浆料必须满足规范要求，相关示意图如图6-3-2所示。

（3）叠合板吊装施工。

安装叠合板时，底部必须做临时竖向支撑，竖向支撑采用铝模配套顶撑支撑，安装楼板前调整支撑标高与两侧墙预留标高一致。按照图纸所示构件位置就位，就位同时观察楼板预留孔洞与水电图纸的相对位置，相关示意图如图6-3-3所示。

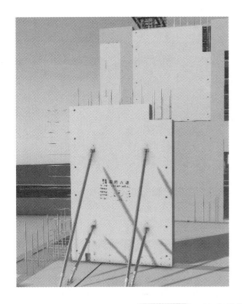

图 6-3-2　仿真模拟与现场吊装墙板施工

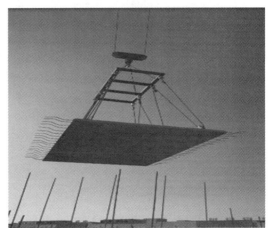

图 6-3-3　仿真模拟与现场叠合板吊装施工

（4）阳台板吊装施工。

水平构件现场吊装采用塔式起重机，塔式起重机的工作半径、起重量应满足吊装要求，吊装时根据水平构件平面布置图及吊装顺序图，对水平构件进行吊装就位，相关示意图如图 6-3-4 所示。

（5）预制楼梯吊装施工。

对预制楼梯安装的位置进行测量定位，在梯梁支撑部位铺设 15mm 水泥砂浆找平层，再铺设 5mm 聚四氟乙烯板，将预制梯段吊至预留位置，并进行位置校正，注浆孔使用灌浆料和砂浆堵密实，相关示意图如图 6-3-5 所示。

图 6-3-4　仿真模拟与现场阳台板吊装施工

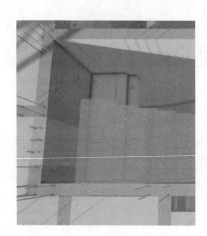

图 6-3-5　仿真模拟与现场预制楼梯吊装施工

（6）水电预埋施工。

吊装完成后，由水电工进行预埋及管线安装，叠合板受力钢筋与外墙支座处锚筋搭接绑扎，先绑扎梁钢筋，再绑扎叠合板钢筋，钢筋安装质量应满足规范要求，相关示意图如图6-3-6所示。

图 6-3-6　仿真模拟与现场水电预埋施工

（7）套筒灌浆作业。

灌浆前用专用座浆料对预制构件底部进行封堵，再采用压浆法从灌浆分区下口灌浆，当浆料从上预留口流出后进行封堵，灌浆应连续、缓慢、均匀地进行，直至排气管排出的浆液稠度与灌浆口处相同，且没有气泡排出后，将灌浆孔封闭。灌浆结束后，应及时将灌浆口及构件表面的浆液清理干净，并将灌浆口表面抹压平整，相关示意图如图6-3-7所示。

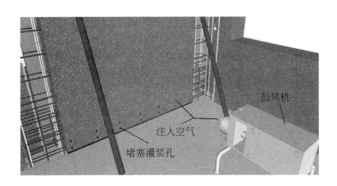

图 6-3-7　仿真模拟与现场套筒灌浆作业

（8）ALC 板施工。

安装完成后的ALC板墙面平整度误差较小，墙面不需要抹灰，相关示意图如图6-3-8所示。施工完成就可以进入墙面涂料油漆的施工工序，采用BIM技术进行墙体排版深化设计，以实现精准施工。

图 6-3-8　仿真模拟与现场 ALC 板施工

综合来说，施工动画仿真模拟具有显著的优势和价值，可以为施工方案评估、流程优化、资源需求预测、安全评估、决策制定和协作沟通带来优异的效果。

6.4 PC构件信息化管理

通过BIM协同平台，将PC构件从设计、生产、运输到最后的安装验收全过程数据信息进行上传，从而实现对构件信息的集成化管理，有效提高对PC构件的管理水平。

◎**工作难点1**：信息不透明。

如果信息化管理无法全面、实时地掌握构件的信息，那么可能导致信息流通不畅、信息不准确，影响决策的准确性和效率。

◎**工作难点2**：数据缺失和不完整。

无法收集、存储和管理PC构件的相关数据，可能导致数据的缺失和不完整，影响生产和管理的准确性和精度。

◎**工作难点3**：资源浪费。

缺少信息化的管理可能会导致资源的浪费和不必要的开支，如重复订购、错误订购等。

◎**工作难点4**：联系与协作效率低下。

缺少信息管理系统可能会使制造商、供应商和客户之间难以有效沟通和协作。

解析

预制混凝土构件生产管理系统（以下简称PC-MES系统）主要服务于PC构件全业务链的经营管控。它以二维码为数据载体，打通项目、产品清单、BOM材料清单、生产过程、出入库的全业务流程，在实现对合同、设计、制造、库存、交付的业务数据全生命周期贯通基础之上，辅以标准化、流程管控、统计分析等信息化手段提升企业PC构件业务经营标准化管控及快速扩张能力，如图6-4-1所示。

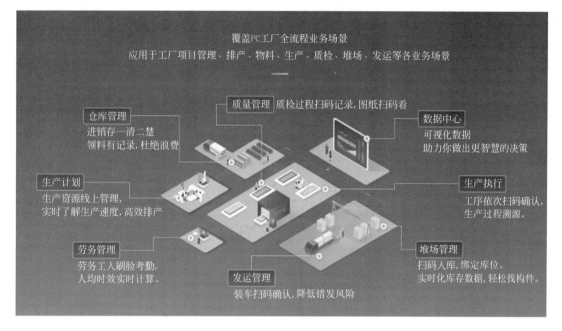

图 6-4-1　预制混凝土构件生产管理系统

PC-MES系统主要实现预制件厂生产过程、质检过程、发货过程以及施工现场质检过程相关信息自动采集，减少人员操作，提高信息采集的及时性、准确性，同时规范企业生产管理；此外，还支持接入SAP、客户关系管理（CRM）、物流、钉钉等第三方系统，PC-MES系统作为数据中台，连通企业其他业务管理系统，实现数据互联互通，无障碍流动，如图6-4-2所示。

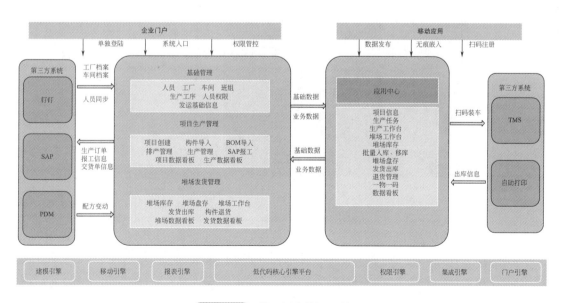

图 6-4-2　协同平台数据互联互通

（1）一物一码。

构件唯一身份，一物一码管理：每片构件都拥有唯一的二维码作为身份确定，手机端配套小程序可以查看构件参数、图纸及生产过程记录，如图6-4-3所示。

图6-4-3　一物一码管理

（2）生产溯源。

严格把控、掌控进度节奏：精准记录生产过程，以及生产的每道工序操作人、操作时间、操作结果，如图6-4-4所示。使生产过程清晰，管理更轻松。

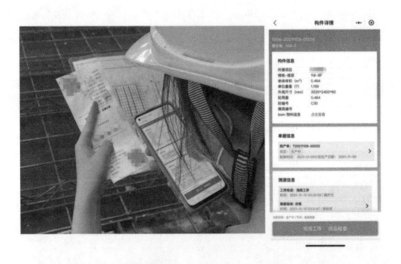

图6-4-4　构件追踪、生产溯源

（3）移动协同。

移动协同，信息实时、高效沟通：用最便捷、最熟悉的方式，在手机上完成工作协同，微信小程序、钉钉即工作台，如图6-4-5所示。

图 6-4-5 　 移动终端、协同办公

（4）堆场管控。

实时更新库存数据，快速定位构件：库存数据实时更新，解决盘点难的问题；快速定位构件位置，提高发货效率，如图 6-4-6 所示。

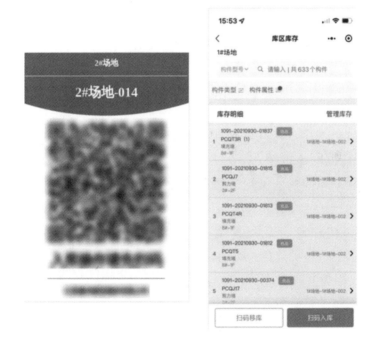

图 6-4-6 　 实时更新库存数据、精准定位

（5）数据看板。

自动生成数据看板，一键导出数据：实时监控生产浇筑产量、入库量、发货量、堆场库存情况；多终端查看项目、生产、计划进度等工厂运作数据，如图 6-4-7 所示。

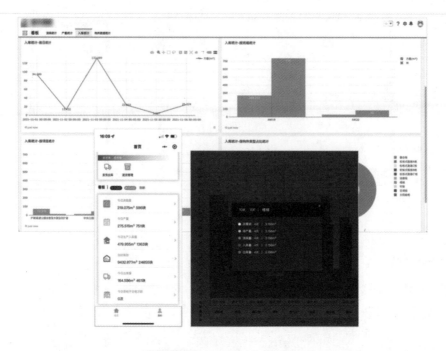

图 6-4-7　生产数据、一键查看

（6）主数据管理。

1）支持集团性企业分、子公司管理模式，集团公司管理者可以统一查看所有数据，分、子公司数据各自独立运营管理。

2）支持人员、工厂、车间、班组的第三方系统（钉钉、企业微信、SAP）接口数据与主系统数据同步更新。

3）支持批量下载堆场、堆位二维码，后续堆位可以扫码入库；支持配置堆场操作权限。

4）支持生产构件自定义配置生产流程，同时分配与每一环节相应的生产工人。

5）SAP集成相关基础数据维护，实现订单、生产报工、交货数据对接。

6）物流发货相关基础信息维护。

示意图如图6-4-8所示。

（7）项目管理。

1）项目卡片可以直接穿透查看所有相关对象信息，如构件、物料清单（BOM）、排产生产、堆场、出库等。

2）项目进度图一目了然，可以实时掌控项目生产进度。

3）项目生产完成后可对项目归档，形成历史项目档案。

示意图如图6-4-9所示。

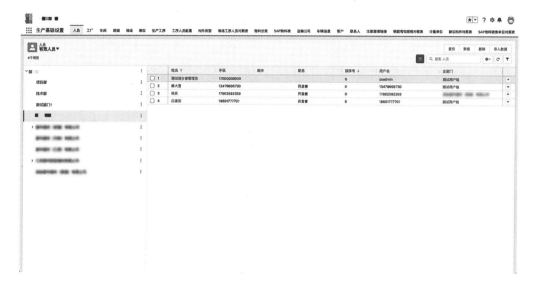

图 6-4-8　平台数据、协同管理

图 6-4-9　项目情况实时监管

（8）排产管理。

1）排产任务下达后，支持相应班组长接收任务。

2）支持不同视图查看排产任务情况，可重点关注延期的排产任务。

3）对于延期任务，支持批量转移排产明细后，再排产。

4）可分排产单或单日排产情况统计钢筋下料情况。

5）排产明细数据汇总推送至SAP，生成相应生产订单。

示意图如图6-4-10所示。

图 6-4-10　排产管理

（9）生产管理。

1）自定义设定生产工序。

2）PC端视图展示不同工序构件生产情况。

3）移动端工人现场操作，确认生产工序，反馈质检工序，增加生产过程管控，如图6-4-11所示。

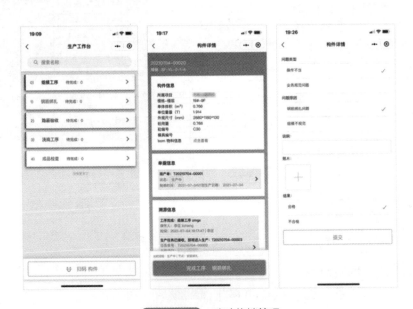

图 6-4-11　移动终端管理

4）增加报工相关操作，数据一键推送至SAP系统，如图6-4-12所示。

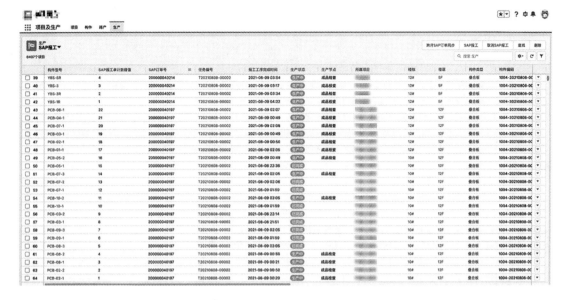

图 6-4-12 终端数据汇总 SAP 系统管理

（10）堆场管理。

1）构件通过扫码可以批量入库，可以进行构件移库操作。

2）不良品构件堆场修补、质检操作，报废品构件堆场清库操作。

3）堆场人员可以进行构件协同盘点，明确堆场堆位构件情况。

示意图如图 6-4-13 所示。

图 6-4-13 终端人员实时联动

（11）发运管理。

1）通过第三方物流系统物流管理系统（TMS）扫码创建出库单。

2）打印出库单情况，扫码添加出库单明细。

3）堆场相关人员确认出库单状态。

4）构件退货管理，再质检修复功能。

示意图如图6-4-14所示。

图6-4-14　构件物流信息实时掌握

第7章 工业设备安装专项应用

7.1 吊装方案优化

◎**工作难点1：**设备施工吊装现场工况复杂。

解析

设备吊装现场需要考虑已建结构、建筑、可吊装运输路线、吊装位置等情况，积极与业主、监理、其他施工单位协调沟通，选择合适的吊装工艺，合理规划场地，收集准确可靠的现场数据，进行现场工况模拟，步骤如下：

（1）收集现场实际数据。

1）收集现场已建结构、建筑、机电等的专业图纸，确认图纸与实物一致。

2）确认现场吊装施工机具尺寸参数。

3）实地测量现场场地数据，确定吊装区域坐标及对应标高。

（2）构建吊装模型。

1）根据施工图纸建立模型，模型精细程度根据实际需求确定，为了运行的流畅性，只保留结构、场地、设备等的主要外形部分，对模拟无影响的细节可以省略，如钢结构的加强板与连接板、设备的内件等，如图7-1-1、图7-1-2所示。

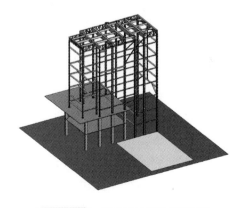

图 7-1-1　锅炉钢结构及吊装场地

图 7-1-2　锅炉汽包模型

2）根据原始计算方案初步选定起重设备，按吊车尺寸参数建立等比例的模型，通过嵌套族的方式建立臂杆尺寸长度可变、吊臂角度与履带吊旋转角度可调的履带吊族模型，如图7-1-3所示。

参数	值	公式	锁定
尺寸标注			
吊杆角度	75.000°	=	☐
旋转角度	45.000°	=	☐
其他			
主臂副臂角度	10.000°	=	☐
主臂底部旋转半径	1400.0	=	☐
主臂宽度	2290.0	=	☐
主臂长度	69200.0	=	☐
主臂高度	2350.0	=	☐
副臂宽度	1280.0	=	☐
副臂长度	18000.0	=	☐
副臂高度	1170.0	=	☐
履带吊宽度	7600.0	=	☐
履带吊长度	10000.0	=	☐
平衡锤	6100.0	=	☐
转盘顶部高度	2581.0	=	☐
驾驶室宽度	4800.0	=	☐

图 7-1-3　履带吊参数化模型

◎**工作难点2：**设备吊装过程复杂，需要考虑技术水平、机具、人员、现场环境以及吊装设备的技术数据等条件。

解析

可视化模拟吊装过程，步骤如下：

（1）确定吊车站位区域。根据汽包最远吊装位置，按照吊车臂长、吊装重量查吊车性能表，确定最大作业半径。吊车活动区域和作业半径重合部分即为吊车站位区域，如图7-1-4所示。

（2）找出吊车站位点。通过水平移动履带吊族来模拟履带吊的前后左右移动，通过族参数的吊杆角度来模拟吊臂的仰角，通过旋转角度来模拟回转过程。利用三维视图、剖面等功能观察吊车与已有建筑结构、吊车与汽包相互位置关系的情况。找出多个吊车最佳站位，并记录数据，如图7-1-5所示。

（3）检查吊装过程的碰撞。根据已选取的吊车站位，调整臂杆角度，调整旋转角度，模拟吊车臂杆运动过程，观察吊装过程中臂杆与钢结构梁、柱的碰撞情况，记录碰撞位置和碰撞距离，以碰撞距离为依据，对履带吊站位进行微调，调整后重复上述模拟过程，直至无碰撞发生。若各种工况都无法避免碰撞，则考虑更换吊装设备，重新建立吊车模型。如图7-1-6所示。

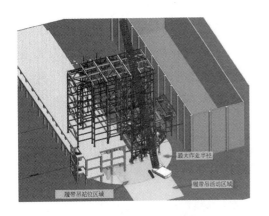

图 7-1-4　吊车参数化模型　　　　　　图 7-1-5　吊车运动模拟

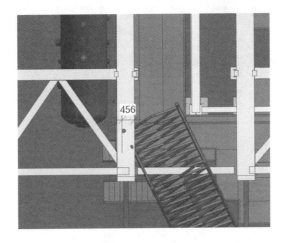

图 7-1-6　检查碰撞情况

（4）确定优化后的吊装方案并进行技术交底。如图7-1-7所示，根据吊装模

图 7-1-7　BIM 模拟与现场吊装

拟的结果确定最终的吊装方案，如履带吊的最终站位、移动回转过程、吊装运动轨迹，整理、记录数据用于指导吊装工作。结合施工模拟动画，编制技术交底记录，技术人员通过讲解各项技术参数和施工步骤对施工人员进行技术交底。3D模型交底的优点是直观、快捷、高效；使施工人员更容易了解施工步骤和各项施工要求，确保施工质量。

7.2 设备组装模拟

◎**工作难点：**工业设备安装项目中，存在许多质量大的设备，需考虑组装顺序及安装顺序，并与土建施工相结合，预留吊装空间，减少返工及拆改，同时保证施工质量，这是该类型设备安装过程中的难点。

解析

设备组装模拟具体实施流程。

（1）按照设备安装方案及图纸，综合考虑吊装设备质量、外形尺寸、吊装参数、吊装顺序、所需起重机械、站位、臂长、幅度、已建结构空间等参数，初步拆分整体设备模型，如图7-2-1所示。

（2）构建设备组装模型，收集现场实际数据，检查模型与场地空间关系。

1）收集设备专业图纸，依据方案建立、拆分设备模型，如图7-2-2所示。

2）将拆分的设备模型进行整体拼装，如图7-2-3所示。

3）实地测量现场场地数据，包括已建结构、设备，确定堆场位置、吊装通道、起重设备位置等，建立场地模型。

4）整合设备模型及场地模型，检查设备与场地空间关系，如图7-2-4所示。

（3）应用三维模型模拟方案可行性并优化，包括吊装方法、安装条件、拆分合理性等。例如，按照焚烧锅炉水

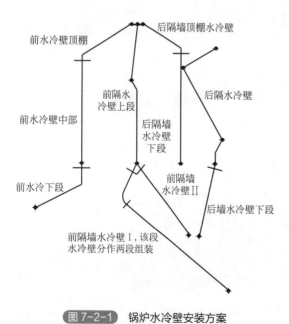

图 7-2-1 锅炉水冷壁安装方案

图 7-2-2　水冷壁拆分模块

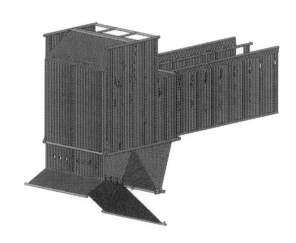

图 7-2-3　锅炉水冷壁整体模型

冷壁受热面组对顺序，集成施工措施和机械设备模型，模拟分析模型部件之间的相对空间位置关系，用以确定和优化吊装顺序的合理性。同时，基于模型对滑轮组固定钢构件进行有限元分析，提前采取加固措施和设置适当的水冷壁提升速度以消除钢构件的应力集中，保障结构稳定性。在吊装模拟的时候，发现以 2 台卷扬机滑轮组组对吊装，塔式起重机辅助旋转的方式进行吊装，需要对两侧水冷壁用卷扬机吊装至垂直状态后旋转 90°，才能完成水冷壁安装。

（4）按照优化结果制作三维动画，修订施工方案，并进行三维技术交底。例如，通过水冷壁组装方案模拟分析，项目决定采用"地面散件拼装、分段整体吊装、高空单元组装"的方式进行项目吊装作业。同时，为降低吊装作业风险，项目根据施工工艺模拟顺序对每个吊装单元进行编号，制作三维动画，修订专项施工工作方案，以指导现场安装，如图 7-2-5 所示。

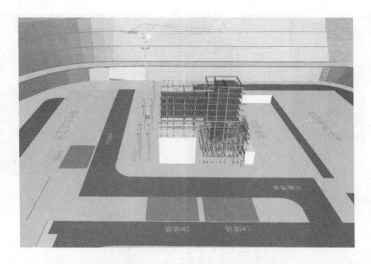

图 7-2-4 现场场地及安装完成模型

图 7-2-5 水冷壁组装模拟动画

7.3 管线预制加工

◎**工作难点1：**通过模型输出单线图，保证信息的完整性和准确性。

解析

　　管线施工图的精度一般无法达到预制生产要求，需要进行二次优化，生成适合管线预制安装所需要的单线图和管段图。

　　（1）模型搭建与碰撞消除。

1）收集各专业施工图、设备装配图、管口方位图、等级数据表等资料。

2）搭建模型，模型除包含LOD300的常规信息外，还应含有单线图所需的管道参数、管线信息、焊口信息等。

3）消除基本物理碰撞情况及图纸错误信息。

（2）对现场既有建筑结构进行校核比对。

1）收集现场已完成的建筑结构信息，与模型进行对比。

2）调整模型，保证建筑结构模型信息与现场情况一致。

3）施工过程中，定期收集已完成的设备、管线、桥架等信息，与模型进行对比。

4）对模型进行动态调整，保证其与实物信息一致，消除对后续施工不必要的影响。

（3）对模型进行二次优化。

1）根据项目情况，制订项目优化原则。

2）综合考虑工艺流程、施工顺序、生产操作、检修通道、设备方位等因素，对模型进行二次优化，如图7-3-1所示。

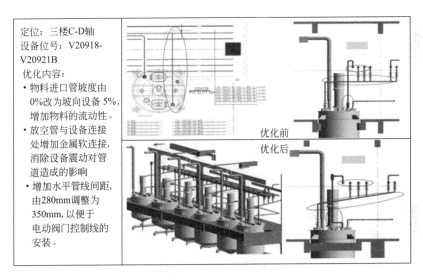

图7-3-1　二次优化报告

（4）出具单线图。

1）根据不同材质管段长度的不同，对长直管线进行分段，添加焊缝信息。

2）根据管线号导出带有所需信息的单线图，如图7-3-2所示。

3）综合考虑运输路线和现场设备、环境因素，出具管段图，用于指导管道分段切割和预制，在设备接口、金属软接管或阀门处等合适的部位预留调整段，如图7-3-3所示。

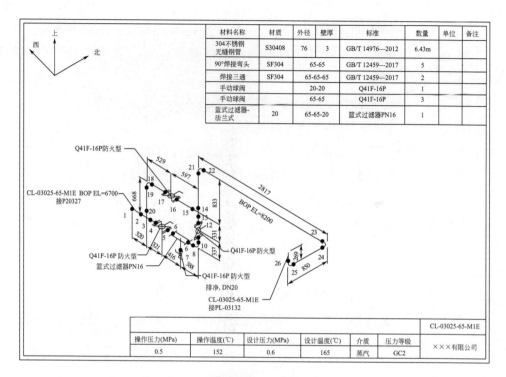

材料名称	材质	外径	壁厚	标准	数量	单位	备注
304不锈钢无缝钢管	S30408	76	3	GB/T 14976—2012	6.43m		
90°焊接弯头	SF304	65-65		GB/T 12459—2017	5		
焊接三通	SF304	65-65-65		GB/T 12459—2017	2		
手动球阀		20-20		Q41F-16P	1		
手动球阀		65-65		Q41F-16P	3		
篮式过滤器-法兰式	20	65-65-20		篮式过滤器PN16	1		

			CL-03025-65-M1E		
操作压力(MPa)	操作温度(℃)	设计压力(MPa)	设计温度(℃)	介质	压力等级	×××有限公司
0.5	152	0.6	165	蒸汽	GC2	

图 7-3-2 单线图

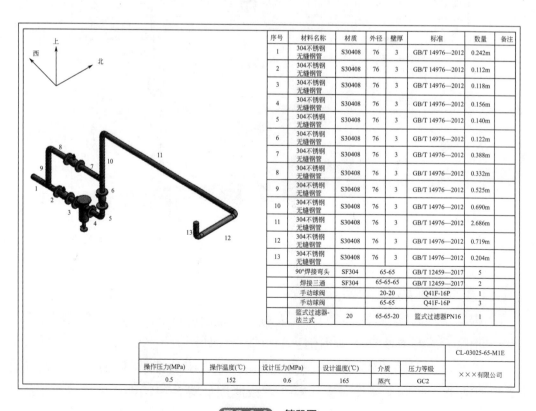

序号	材料名称	材质	外径	壁厚	标准	数量	备注
1	304不锈钢无缝钢管	S30408	76	3	GB/T 14976—2012	0.242m	
2	304不锈钢无缝钢管	S30408	76	3	GB/T 14976—2012	0.112m	
3	304不锈钢无缝钢管	S30408	76	3	GB/T 14976—2012	0.118m	
4	304不锈钢无缝钢管	S30408	76	3	GB/T 14976—2012	0.156m	
5	304不锈钢无缝钢管	S30408	76	3	GB/T 14976—2012	0.140m	
6	304不锈钢无缝钢管	S30408	76	3	GB/T 14976—2012	0.122m	
7	304不锈钢无缝钢管	S30408	76	3	GB/T 14976—2012	0.388m	
8	304不锈钢无缝钢管	S30408	76	3	GB/T 14976—2012	0.332m	
9	304不锈钢无缝钢管	S30408	76	3	GB/T 14976—2012	0.525m	
10	304不锈钢无缝钢管	S30408	76	3	GB/T 14976—2012	0.690m	
11	304不锈钢无缝钢管	S30408	76	3	GB/T 14976—2012	2.686m	
12	304不锈钢无缝钢管	S30408	76	3	GB/T 14976—2012	0.719m	
13	304不锈钢无缝钢管	S30408	76	3	GB/T 14976—2012	0.204m	
	90°焊接弯头	SF304	65-65		GB/T 12459—2017	5	
	焊接三通	SF304	65-65-65		GB/T 12459—2017	2	
	手动球阀		20-20		Q41F-16P	1	
	手动球阀		65-65		Q41F-16P	3	
	篮式过滤器-法兰式	20	65-65-20		篮式过滤器PN16	1	

			CL-03025-65-M1E		
操作压力(MPa)	操作温度(℃)	设计压力(MPa)	设计温度(℃)	介质	压力等级	×××有限公司
0.5	152	0.6	165	蒸汽	GC2	

图 7-3-3 管段图

◎**工作难点 2：** 管段预制管理。

解析

工业项目管道种类复杂，需要制定严格的管段标识、存放、运输、交接验收等管理制度，运用信息化管理平台同步跟踪管段信息，推送管段状态，确保数据及时、准确。

（1）制订管理制度，出具管段预制计划。

（2）结合管段图、管段预制计划，运用机械进行管道切割、下料，按管段图号 + 管段序号进行标记，如图 7-3-4 所示。

图 7-3-4　管道下料

（3）管工对管段进行组对，根据单线图，标记焊缝编号。完成后平台同步更新信息，如图 7-3-5 所示。

（4）运用焊接设备对管段焊接，采用管道预制生产线进行管段预制，如图 7-3-6 所示。

（5）焊接完成后，将信息同步至平台并推送至探伤委托工序，对管道是否需要探伤进行判别。

（6）提取模型中的参数信息及现场采集的焊接信息，自动生成数据库。明确显示管线焊口信息、焊工信息、探伤信息等，实现责任到人，责任可追溯，如图 7-3-7 所示。

图 7-3-5　管道组对

图 7-3-6　成品预制管段

	管线号	焊口号	规格	材质	实际寸口	完成寸口	探伤比例%	压力等级	焊工号	焊接位置	焊接方式	焊接日期	焊材代号	委托日期	拍片日期	委托单号	探伤结果
1																	
2	PL-03001	1	Φ57X3	S30408	2	0	10%	GC2									
3	PL-03001	2	Φ57X3	S30408	2	2	10%	GC2	1514	1G	GTAW	3月31	ER-308L				
4	PL-03001	3	Φ57X3	S30408	2	0	10%	GC2									
5	PL-03001	4	Φ57X3	S30408	2	2	10%	GC2	1514	1G	GTAW	3月31	ER-308L				
6	PL-03001	5	Φ57X3	S30408	2	2	10%	GC2	1514	1G	GTAW	3月30	ER-308L				
7	PL-03001	6	Φ57X3	S30408	2	0	10%	GC2									
8	PL-03001	7	Φ57X3	S30408	2	2	10%	GC2	1357	5G	GTAW	3月31	ER-308L				
9	PL-03001	8	Φ57X3	S30408	2	2	10%	GC2	6510	5G	GTAW	2月18	ER-308L	3月2日	3月2日	SZC-03	合格
10	PL-03001	9	Φ57X3	S30408	2	2	10%	GC2	1357	2G	GTAW	3月6	ER-308L				
11	PL-03001	10	Φ57X3	S30408	2	2	10%	GC2	0012	1G	GTAW	2月25	ER-308L				
12	PL-03001	10Z1	Φ57X3	S30408	2	2	10%	GC2	1514	5G	GTAW	3月10	ER-308L				
13	PL-03001	11	Φ57X3	S30408	2	2	10%	GC2	1514	5G	GTAW	3月26	ER-308L				
14	PL-03001	11Z1	Φ57X3	S30408	2	2	10%	GC2	1514	2G	GTAW	3月26	ER-308L				
15	PL-03001	12	Φ57X3	S30408	2	2	10%	GC2	1514	1G	GTAW	3月26	ER-308L				
16	PL-03001	12Z1	Φ57X3	S30408	2	2	10%	GC2	0012	1G	GTAW	3月26	ER-308L				
17	PL-03001	13	Φ57X3	S30408	2	2	10%	GC2	1514	5G	GTAW	3月24	ER-308L				
18	PL-03001	13Z1	Φ57X3	S30408	2	2	10%	GC2	1514	2G	GTAW	3月24	ER-308L				
19	PL-03001	14	Φ57X3	S30408	2	2	10%	GC2	1514	5G	GTAW	3月24	ER-308L				
20	PL-03001	14Z1	Φ57X3	S30408	2	2	10%	GC2	0012	1G	GTAW	2月25	ER-308L				
21	PL-03001	15	Φ57X3	S30408	2	2	10%	GC2	0012	5G	GTAW	3月22	ER-308L				
22	PL-03001	15Z1	Φ57X3	S30408	2	2	10%	GC2	0012	2G	GTAW	3月22	ER-308L				
23	PL-03001	16	Φ57X3	S30408	2	2	10%	GC2	0012	5G	GTAW	3月22	ER-308L				
24	PL-03001	16Z1	Φ57X3	S30408	2	2	10%	GC2	0012	1G	GTAW	2月25	ER-308L				
25	PL-03001	16Z2	Φ57X3	S30408	2	2	10%	GC2	1514	1G	GTAW	3月11	ER-308L				

图 7-3-7　焊口数据库

7.4　焊缝管理

◎**工作难点：**焊接相关施工规范一般对焊接工艺、焊材、验收判定标准、焊工资格等均有相应规定，但实际施工中真实记录、管理、分析焊接信息较难。

解 析

（1）在施工前期利用软件对管道进行整体建模，提前设置焊缝族，模型参数包含管道系统名称、管道中心标高、管道外径和厚度、管道长度、管道材质、系统颜色、管线号等，进行详细建模，要求管道模型信息与CAD图纸无差别，如图7-4-1所示。

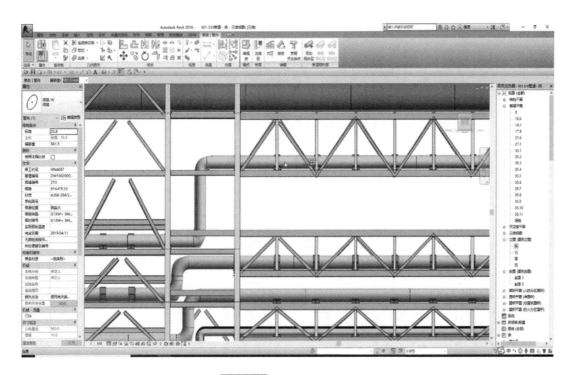

图 7-4-1　焊缝信息化管理

（2）完成建模后，依据管道材质、长度进行焊缝设置，焊缝信息主要包括以下内容：管线号、材料规格、牌号、焊缝编号、接头形式、焊工代号、焊缝补焊位置、热处理焊后编号、检验员、检验日期、返修次数等。

（3）出具单线图信息，要求能明确标明管道走向，焊接编号正确，确保各项记录可追溯，如图7-4-2所示。

（4）由相关专业的技术人员每天对管道焊接量进行统计，测量焊缝之间的实际距离，并做好管道焊接参数记录，完善焊缝管理信息，保证所收集的信息准确无误。存在焊接返修时，需要规范标写，有助于分析出避免再次返修的纠正措施，避免更多隐患。利用软件进行焊缝信息自动统计汇总，如图7-4-3所示。

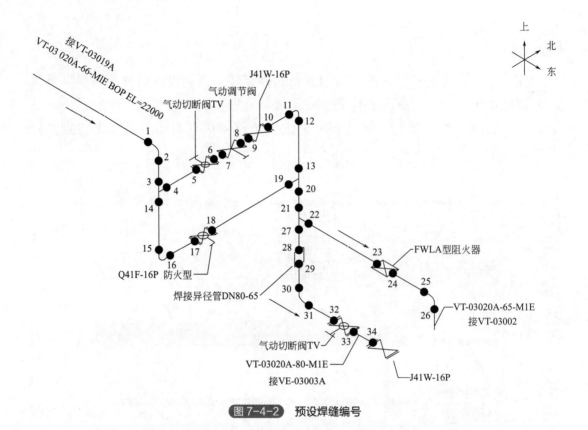

图 7-4-2　预设焊缝编号

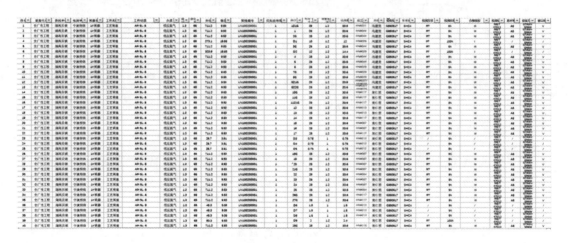

图 7-4-3　焊缝信息汇总表

第8章 钢结构工程专项应用

8.1 深化设计

◎**工作难点1：** 对支座、预埋件、连接点进行深化设计。

📑 **解析**

钢结构工程造型复杂，节点构造做法方式多。钢结构工程在建筑建模过程中，应做相应深化设计。

（1）深化设计必须满足国家结构设计的相关规范。

（2）钢结构模型精度需达到LOD400，如图8-1-1所示。

（3）需对钢结构节点进行二次深化设计，为后续钢结构BIM应用提供基础数据，如图8-1-2和图8-1-3所示。

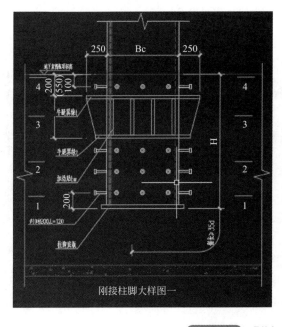
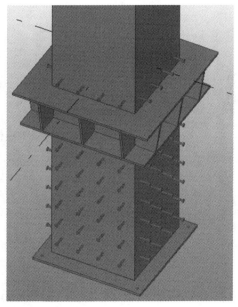

图8-1-1 BIM三维模型深化

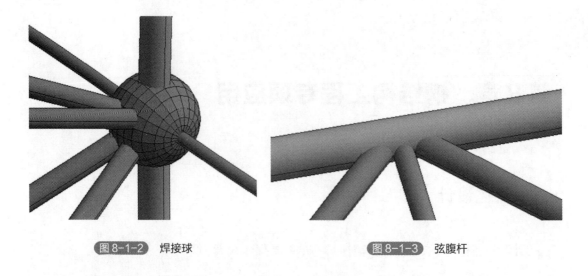

图 8-1-2　焊接球　　　　　　　　　　　图 8-1-3　弦腹杆

◎**工作难点2：**对项目其他专业工程进行碰撞检测。

解析

　　对各专业模型进行管线与主体结构、管线与管线等位置的三维碰撞检查，确保管线在原设计基础上合理排布，减少拆改返工的成本。

（1）各专业的BIM模型搭建完成之后，整合各专业BIM模型。

（2）运用软件对不同专业间、同专业间模型进行碰撞检测，如图8-1-4所示。

（3）导出碰撞报告。

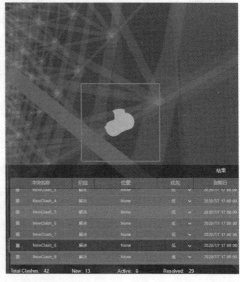

图 8-1-4　机电管线与网架碰撞

（4）依据深化设计要求对设计图纸提出优化建议，运用BIM模型辅助完成图纸优化和检查工作，如图8-1-5和图8-1-6所示。

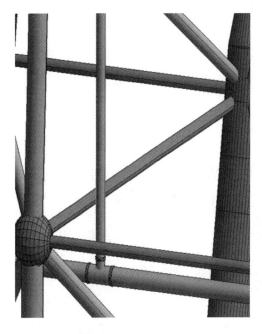

图 8-1-5 管线模型优化后

图 8-1-6 现场管线实景

8.2 预制加工

◎**工作难点1**：通过模型输出的计算机数控（CNC）文件进行下料、切割、焊接、钻孔等批量制作。

解析

通过软件把模型中数字化加工需要的信息隔离出来，传送给加工设备，并进行必要的数据转换，实现以深化设计模型配合指导工厂生产加工。

（1）从BIM模型中提取零构件的属性信息（材质、型号）、加工信息等原始数据信息，如图8-2-1所示。

（2）从企业物料数据库中提取所需的材料信息，通过加工平台链接物料数据库。

（3）调用物料库存信息进行排版套料，并根据实际使用的数控设备选择不同的数控文件格式，输出结果，如图8-2-2 ～图8-2-4所示。

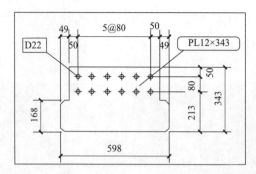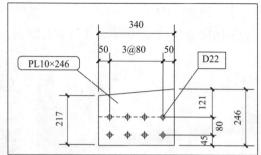

图 8-2-1 零件图纸

图 8-2-2 CNC 应用　　　图 8-2-3 构件组装焊接　　　图 8-2-4 构件焊接完成

◎**工作难点2：** *零构件二维码定位。*

解析

　　现场零构件种类数量较多、规格多样，极易发生构件堆放混乱现象，如图 8-2-5所示。

　　（1）所有构件均按图纸和设计要求进行工厂加工。

　　（2）利用二维码技术对零散件贴上二维码、编号，如图 8-2-6所示。

　　（3）运输到现场。

　　（4）对构件出厂、进场、吊装状态进行全过程跟踪，实现构件的信息化管理，如图 8-2-7所示。

图 8-2-5 出厂零构件材料堆场

图 8-2-6 现场零构件二维码

1 零构件信息：

零件编号：P1791
零件型号：H300×200×8×12
零件材质：Q345
零件长度：2575mm
零件总数：34根
所属区域：SQ-1 (7根) /SQ-2 (7根) /SQ-3 (9根) /SQ-4 (9根) /SQ-5 (1根) /SQ-6 (1根)

图 8-2-7 出厂零构件二维码信息

8.3 钢结构分段、分块

◎**工作难点：** 钢结构分段、分块。

解析

采用三维设计软件，将钢结构分段、分块，形成分段构件的轮廓模型，生成编号，按编号打包，如图8-3-1～图8-3-4所示。

（1）提前按照分块编号划分打包编号。

（2）构件按打包编号完成打包。

（3）附构件清单，然后发至现场。

（4）构件严格按照构件拼装和安装的施工顺序发运。

（5）材料到场后，按分块编号分区堆放。

（6）由专人负责，并做好登记工作。

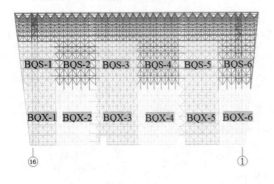

图 8-3-1　北侧构件分块

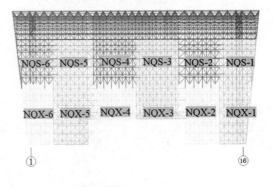

图 8-3-2　南侧构件分块

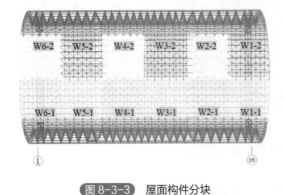

图 8-3-3　屋面构件分块

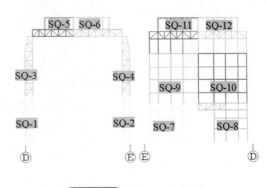

图 8-3-4　东、西构件分块

8.4　构件虚拟预拼装

◎**工作难点1：** 拼装虚拟演示。

解 析

采用三维设计软件模拟拼装形成分段构件的轮廓模型，与深化设计的理论模型拟合比对，检查、分析加工拼装精度，得到所需修改的调整信息。

（1）保证现场需要的构件拼装和构件堆放场地，如图 8-4-1 所示。

（2）要求施工道路通畅，能够保证大型履带进退场、履带式起重机现场组装和构件分块安装。

（3）根据工程分块划分质量、外形尺寸、安装高度；

（4）结合现场实际情况，选用履带式起重机进行分块吊装。

（5）拼装胎架垂直方向采用圆管支撑，设垂直支撑、斜撑（具体根据网架弧度，现场放样确定），如图 8-4-2 所示。

（6）吊装单元拼装点焊后，再次校准，如图 8-4-3 所示。

（7）尺寸复核无误后，进行焊接、探伤、防腐处理工作，如图 8-4-4 所示。

图 8-4-1　地面平整

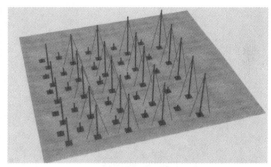

图 8-4-2　胎架搭设

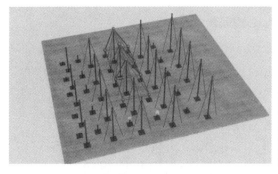

图 8-4-3　实体点焊

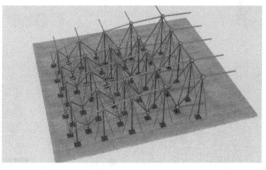

图 8-4-4　实体焊接

◎**工作难点 2：** 吊装受力分析。

解析

为保证施工过程中的受力状态与设计状态基本相符，保证结构整体稳定和整体安全，要提前对外框钢结构进行吊装的受力分析。

（1）因结构跨度较大，需加装临时支撑进行分块吊装，现场分块吊装如图8-4-5所示。

（2）吊装过程中，网架受力点的改变，其结构受力情况和原设计一次成形状态受力情况有所不同。

（3）结合方案实际分块，将模型导入分析软件进行分析。

（4）根据《钢结构设计标准》GB 50017—2017，按荷载模式考虑单榀结构缺陷和构件缺陷，对分块吊装极限状态进行受力分析，受力分析如图8-4-6所示。

图 8-4-5 现场分块吊装

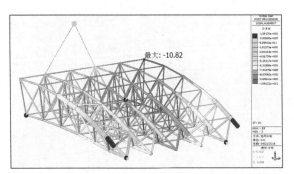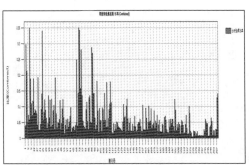

图 8-4-6 受力分析图

8.5　智能放样

◎**工作难点1：**测量定位控制。

解 析

钢结构施工测量是工程质量保证的重要环节，前期需要制定严格的测量方案。在实施操作时，必须拥有测量实践经验丰富的专业技术人员和先进的仪器设备。测量定位控制如图8-5-1 ～图8-5-3所示。

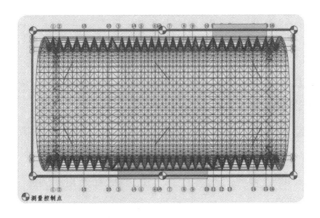

图 8-5-1　施工测量控制网

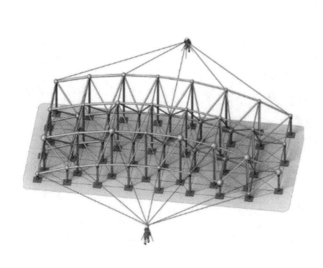

图 8-5-2　拼装分块单元复测

图 8-5-3　已安装分块复测

（1）建立测量控制网。

测量控制网由测量基准点和各轴线主要投影点构成。

（2）拼装分块单元复测。

分块制作的构件应预拼装并检验，轴线测量采用经纬仪测量放线，桁架两端标高及起拱值的测量采用全站仪和水准仪。

（3）已安装分块复测。

当分块构件安装完毕后，对这类分块构件需要整体进行测量校正；完工卸载后进行沉降观测，数据应符合设计要求。

◎**工作难点2：** 反光贴测量定位控制。

解析

随着工程技术的发展，体积巨大、结构形式复杂的钢结构构件不断涌现。为了保证钢构件及与其连接的其他部件顺利合拢，可以采用反光贴测量定位控制的方法控制钢结构的安装精度。

（1）在构件拼装过程中，利用软件提取相应块体进行模拟拼装，根据模型中的坐标信息在地面1：1放样，制作定位胎架拼装块体。

（2）钢构件的表面选取多个关键点，并在各个关键点上贴装反光贴，反光贴测量定位如图8-5-4所示。

（3）通过测量各个关键点的坐标，对钢构件进行定位安装。

（4）对于结构形式复杂、空间位置复杂的大型钢结构构件，需要多次转站测量，现场测量控制数据如图8-5-5所示。

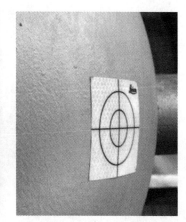

图8-5-4 反光贴测量定位

图 8-5-5　现场测量控制数据

第9章　市政工程专项应用

9.1　市政道路及其设施

◎**工作难点1**：市政道路工程中土石方工程量一般都很大，而且经常会遇到地质、地形复杂的情况，难以准确按土质情况分别精确计算土方工程量。在传统的土石方施工组织中往往存在遍地开挖、随意填筑的情况，这不仅严重影响项目工期，而且对工程施工质量也存在隐患，使项目管理人员对项目成本难以管控。在现场施工中根据实际情况进行的土方量实测，由于计算过于笼统，使工程量较为粗糙，造成无法核实现场确切的土石方及石间土的开挖量，从而使造价产生的出入和损失难以把控。在传统的市政道路工程中的土石方施工中，只有土方边开挖边实施数据更新，才能使数据在项目最终竣工结算中成为有力的依据。

解析

市政道路土石方组织应符合以下规定：

（1）土石方施工组织优化：根据项目地勘资料钻孔直方图，通过Civil 3D软件建立不同地质层结构三维地质模型，对于有岩层及不符合填筑要求的土层区域能够直观进行判断，并得到精确的土石方工程量。通过合理的施工区域划分，在高效转运土方的同时，也可合理组织土石方区域爆破施工，如图9-1-1所示。

对于路堑开挖及边坡格构梁施工作业，为保障道路建设的安全稳定，土方开挖采用混合开挖法，自上而下进行，以机械为主、人工为辅进行施工，每8m设置一级路堑边坡，采用格构梁进行加固，开挖一级，防护一级，最深处为五级边坡。应用BIM技术进行深化可行性施工模拟，如图9-1-2所示，通过5D技术的可视化功能，能够更直观地展示施工过程，提前做好对于问题的预知并编写相对应的解决方案，提升管理质量及效率。

（2）土方平衡方案优化设计：根据项目地勘资料钻孔直方图，建立不同地质层结构三维地质模型，根据道路横纵断面设计生成道路设计模型，对各桩号施工区段挖填方量进行计算，输出土方施工图，根据该项目模型得到挖填方区域及挖

图 9-1-1　道路工程土方施工段模型图

图 9-1-2　土方分级开挖防护施工模拟

填方量。通过 BIM 技术应用，使土方总运输量达到最小或土方运输费用达到最少，便于施工的同时可以辅助隐蔽工程成本控制及对外产值报送，通过土石方量精算并将土石方工程量分类导出，以作为结算的有力依据，如图 9-1-3 和图 9-1-4 所示。

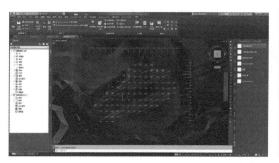

图 9-1-3　土方平衡算量模型

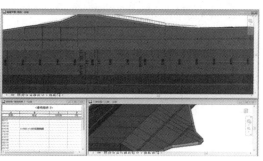

图 9-1-4　土方填筑模型

◎**工作难点2：**市政道路项目部分采用独特的造型、复杂的外观、先进的工艺，在传统的设计中对于数据分析及模拟无法实现。通过应用 BIM 技术，建立数据信息 BIM 模型，运用相关软件进行工程的分析及模拟。

解析

市政道路精细化建模应符合以下规定：

根据统一的建模标准，运用 Civil 3D 建立三维地质模型与道路模型，如图 9-1-5 所示，对道路进行装配设计。参数化驱动建立的道路模型，对设计施工图中的道路平面、高程控制参数进行复核。通过精准提取 BIM 模型各部分工

图 9-1-5　三维地质模型

程量，取代传统的以横断面取平均值乘以距离的算量方式，可以有效避免工程量误差风险。

建立桩基、桩帽模型以及完整的道路细部构造模型，如图9-1-6所示，辅助现场实际施工，减少因碰撞而造成的不必要的返工和损失。将所建模型存档，便于建模过程中及后期调用，这解决了传统纸质资料容易损失和损坏的问题；同时导出模型工程量，为工程预算、工程进度款申报等提供依据。

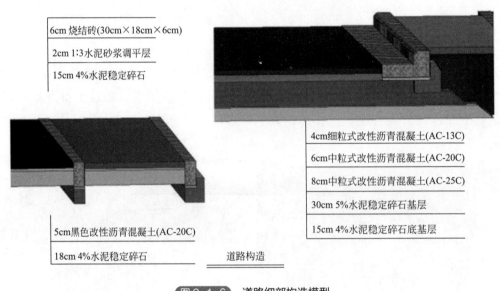

6cm 烧结砖(30cm×18cm×6cm)

2cm 1:3水泥砂浆调平层

15cm 4%水泥稳定碎石

4cm细粒式改性沥青混凝土(AC-13C)

6cm中粒式改性沥青混凝土(AC-20C)

8cm中粒式改性沥青混凝土(AC-25C)

30cm 5%水泥稳定碎石基层

15cm 4%水泥稳定碎石底基层

5cm黑色改性沥青混凝土(AC-20C)

18cm 4%水泥稳定碎石

道路构造

图 9-1-6　道路细部构造模型

◎**工作难点3：**市政道路项目含有高边坡工程，靠近居民区，施工前不做好预案和准备容易造成返工和存在安全隐患。

解析

市政道路高边坡BIM应用应符合以下规定。

利用Civil 3D创建高边坡土方模型，如图9-1-7所示，可清晰、直观地了解开挖边坡与原地形的三维空间关系，并可快速为项目提供土方工程量，出具土方量报告。利用模型模拟边坡自上而下分层开挖、分段施工，以及开挖顺序，并进行边坡开挖方案交底，如图9-1-8所示。

在进行边坡锚杆施工时，边坡有不规则断面。为避免锚杆在边坡深部出现碰撞、相交等问题，需要进行锚杆位置的模拟分析，以提前预防、避免施工中碰撞问题的出现，如图9-1-9所示。

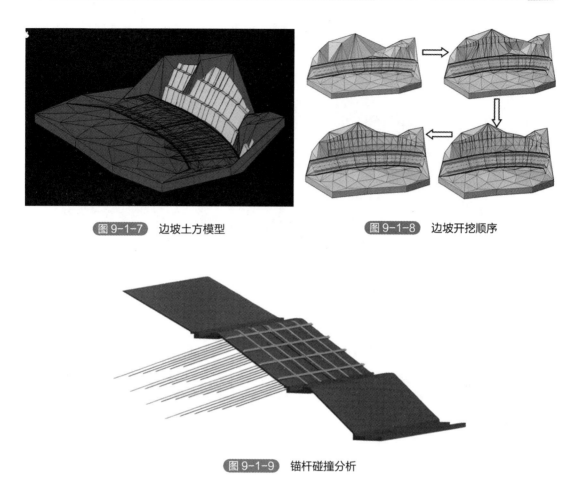

图 9-1-7　边坡土方模型　　　　　　　　　图 9-1-8　边坡开挖顺序

图 9-1-9　锚杆碰撞分析

◎**工作难点4：**部分市政道路交通流量较大，常年处于拥堵状态，施工期的交通组织较为困难。同时项目工期紧，施工干扰大，要想在规定的工期内完成施工工作，关键就在于精心组织和周密安排。

解析

市政道路交通组织管理应符合以下规定。

（1）安排技术人员对施工段落内人行、车道路口进行排查，联系测量人员收集路口坐标数据。

（2）BIM工程师利用收集的坐标数据生成地形模型，合并到项目地形模型中，利用PowerCivil的联动性，动态更新项目3D模型。

依据设计要求，利用更新后的3D模型对交通组织进行全局的分析，将更新后的施工进度计划导入3D模型，对交通组织进行动态的、系统化的分析和管理，在保证施工正常进行的情况下，保障交通畅行，如图9-1-10所示。

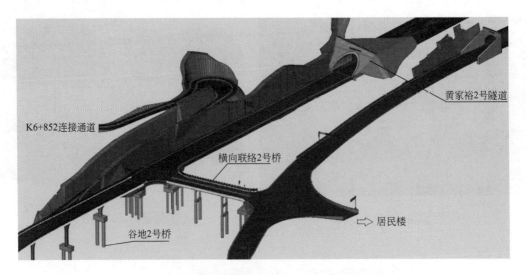

图 9-1-10　某路口整体模型图

◎**工作难点5：**市政道路线路较长，工程量大，工程种类繁多，临建工程、措施项工程也较多。以往临建工程的成本控制仅能依靠项目部上报的文字、数字资料，因为没有图纸依据，无法精确判断其准确性、合理性。

解析

临建工程、措施项工程、工程量统计应符合以下规定。

为临建工程及措施项工程建立3D模型，并与电子沙盘软件关联，电子沙盘软件可以统计和导出实体工程的数量表，为该项目临建工程及措施项工程的成本控制提供依据。将临建工程及措施项工程的3D模型结合项目3D模型作为参考，可以精确判断其合理性，如图9-1-11所示。

图 9-1-11　项目临建模型图

9.2　市政桥涵及其设施

◎**工作难点1**：部分市政桥梁由于水域情况复杂，两岸地形陡峭，无便道直达施工区域，造成钢便桥选址困难。利用传统二维作图方案难以体现施工现场地形条件，且定位难度大，无法在空间体系中对方案进行比选。

解析

桥梁施工方案模拟应符合以下规定。

（1）采用Revit建模，将空间坐标点导入曲面坐标系，模拟现状曲面地形，将钢便桥模型放入曲面地形，分析得出架设区域。

（2）结合施工区域地形特征，确定工程主梁各节段施工方案，以及中跨合拢段、边跨合拢段、边跨现浇段施工工法等。

利用BIM模型，实景模拟施工现场，这样可以提早发现问题，降低后期实际施工的风险，节约项目成本，如图9-2-1所示。

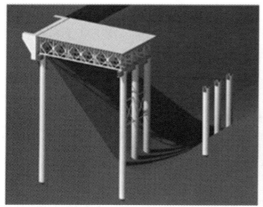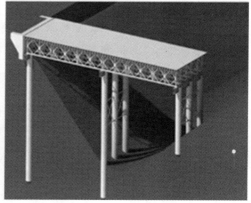

图9-2-1　钢便桥预演模拟

◎**工作难点2**：在建设初期，需要对桥梁厂内的各功能分区、平整作业场地、进出场地便道进行场地用地规划。传统施工利用CAD软件制图，在平面上划分各个区域，无法考虑具体构件在空间体系下的影响，例如梁厂场地规划中的汽车式起重机的控制，应使用何种臂长、何种型号的起重机，可以做到自定义建族，既保证吊车的安全部署，又满足施工经济的要求，就很难解决。

解析

市政桥梁施工场地布置应符合以下规定。

通过实测真实地形的数据建模，收集各类场布构建尺寸，如钢筋加工棚尺寸及高度、汽车式起重机型号及模型、距离钢便桥实测距离、计划场地平整高程、两台汽车式起重机及运梁车位置分布、进出场便道布置、钢筋棚位置朝向及摆放等，通过合理分工达到项目高效生产的目的，如图9-2-2和图9-2-3所示。

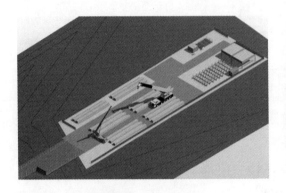

图9-2-2　梁厂布置图

图9-2-3　梁厂细部图

◎**工作难点3：** 对于上部结构采用现浇混凝土挂篮施工工艺的市政桥梁，传统施工主要通过人工手算各受力节点最不利条件进行计算分析，此做法耗时长、误差难以控制，且对技术人员要求较高，缺乏施工经验的技术人员很难把控结构受力安全的要求。

解析

市政桥梁挂篮施工有限元受力分析应符合以下规定：

采用BIM技术，利用Midas软件在0#块浇筑前做托架牛腿预压及在挂篮施工前的受力分析，经验算合格，结构安全，满足受力条件要求则同意进入下一道工序。经验算不合格，提出贴近现场实际情况的整改方案，现场按方案操作后，遇到难点问题再进行改动验算，直至符合要求，最终实现指导现场安全生产的目的。

使用Midas做受力分析可以提高技术人员工作效率，由于现场施工情况复杂，修改设计往往在所难免，通过软件修改、计算能在很短的时间内做到再验算，这一点是传统手算无法比拟的，如图9-2-4和图9-2-5所示。

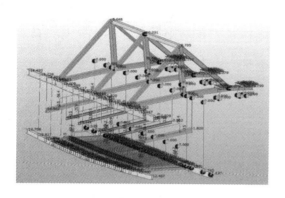

图 9-2-4　挂篮受力分析图

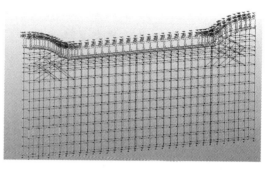

图 9-2-5　满堂支架受力分析图

◎**工作难点4：**桥梁地质情况不佳时，需要进行下部结构验算，这是为了验证群桩的承载力是否达到要求。传统方法对群桩基础进行力学模拟与分析耗时、耗力。

解析

钢便桥可视化模拟应符合以下规定：

BIM工作站用Abaqus软件对群桩基础进行力学模拟与分析。计算过程中对群桩分级加载，分别得到每级荷载对应的沉降值，绘制荷载沉降曲线。根据有限元模拟的结果，提取荷载沉降的数据，绘制荷载沉降曲线，得出极限承载力并判断是否满足要求，验证桥梁基础的安全可靠性，如图9-2-6所示。

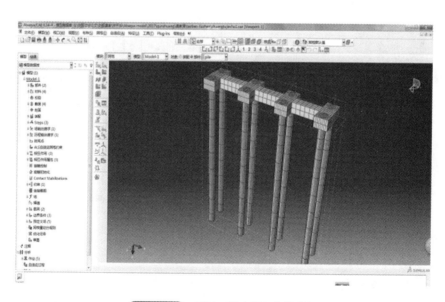

图 9-2-6　群桩三维有限元力学分析

◎**工作难点5：**桥梁施工需要设置大量临时结构，以辅助施工，如钢便桥、临时支架等，传统的技术交底很难清楚地表达施工工艺，难免留下安全隐患。

解析

市政桥梁临时结构BIM应用应符合以下规定：

钢便桥沉桩顺序：运桩→放桩位→吊机就位→安装导向架→吊桩→插桩→安放振动锤→沉桩→（接桩）→设计标高→切割至设计值→焊接工字钢托架→安装贝雷片纵梁及其他结构→下一循环。BIM工作站通过对钢便桥施工工序进行可视化模拟，可以方便质检员对各工序设置管理点，使每道工序严格把关，保证施工质量，让每个施工人员操作有标准，工作有目标，如图9-2-7所示。

桥梁河流两岸地形起伏较大时，水上桩系梁采用围堰难度大，周边为低洼地，遍布小型木材厂、塑料厂，人口密集，可以采用钢套箱的方式进行系梁施工，如图9-2-8所示。系梁钢套箱施工思路：以既有钢平台作为施工平台的基础，利用钻孔桩平台周边桩作为临时支桩，组拼钢套箱；利用钢护筒作为悬持支撑体系，下放钢套箱。采用箱内支撑作为钢套箱内撑，确保钢套箱内抽水工况时的稳定性。在套箱内绑扎钢筋和安装模板。系梁混凝土应当一次浇筑成型。BIM工作站首先依据要求建立Revit模型，以模型为基础导出，钢套箱设计图中的立面和剖面图，用以指导项目施工。

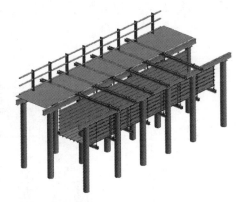

图9-2-7　钢便桥施工模拟　　　　图9-2-8　系梁钢套箱模型图

现浇箱梁桥需要搭设满堂支架。采用BIM软件，利用厂家提供的信息对零部构件进行绘制，严格按方案设计图组合成满堂支架3D模型，通过BIM软件动画制作功能，遵循构件模型透明度随时间变化的原理，制作一个简易的施工工艺动画。动画展示了满堂支架搭设由底层向上，逐层由一个方向向另一个方向进行的安装顺序，支架的纵横连接系及剪刀撑的位置，加以图文的修饰，就能运用到施工技术交底中。通过播放满堂支架施工工艺动画，带给施工现场管理人员及技术工人一场施工工艺的动态体验，能让被交底人更快捷、更形象地了解满堂支架搭设和拆除的施工工序、施工重点和难点，从而大幅降低施工安全隐患，如图9-2-9和图9-2-10所示。

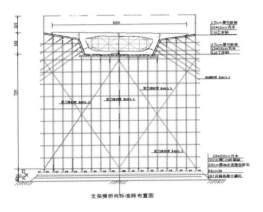

图 9-2-9　满堂支架布置图　　　　　　　　图 9-2-10　满堂支架 3D 模型

◎**工作难点6：**在建造过程中，整合项目需要花费大量的人力、物力去完成，本节所提及的项目案例涉及箱涵工艺，如图9-2-11所示，施工步骤复杂，对人员要求高。传统施工交底采用纸质文件方式，因被交底人多为现场一线员工，对纯文字性交底内容理解深度不够，易发生返工、质量要求不达标等问题。

图 9-2-11　箱涵施工可视化交底

解析

市政桥梁施工可视化交底应符合以下规定：

利用BIM技术，将项目箱涵施工工艺制作成动画视频。将基础开挖、测量放线、底板、墙身混凝土浇筑及脚手架和模板的安装，箱涵回填等复杂、繁琐的工艺，通过动画演示，活灵活现地展示出整个施工操作过程，使一线员工能够更直观、更具体地感受方案交底，确保后期施工计划的有序执行，避免危险事故的发生。

9.3　市政隧道及地下设施

◎**工作难点1：** 市政隧道的施工包含线路、隧道、通风、照明等多专业的内容，各专业相互交错，容易出现错、漏、碰、缺的问题，导致拆改变更，影响工期及投资。在通道设计过程中，路线、通道、围护结构等设计均呈双曲线的形式，传统二维图形式的设计一般对平、竖方向的几何形式进行单独设计，很难高效、准确地完成这类结构的设计图纸。

解析

市政隧道BIM参数化设计应符合以下规定：

（1）构建格构柱、钢支撑、钢围痹等构件集，细化到每块钢板的数量都可通过调整参数的形式进行修改。在围护结构设计的过程中，采用构建集可实现各构件在三维自由空间中的快速、精准定位。

（2）基于BIM技术的路线设计，是将路线的平曲线和纵断面集成到同一应用平台，实现联动设计，使平曲线和纵断面线的空间几何关系相互关联。

（3）通过构建通道断面装配模型，基于路线以放样融合的形式实现通道参数化设计，在后期设计变更的过程中，可对变更模型进行参数化管理。提升了三维可视化设计程度。

使用BIM可视化编程技术对盾构隧道管片进行设计，构建自适应管片模型，设置相应参数信息，快速导出各管片详细尺寸，并统计各管片工程量，便于后期管片预制及材料供应，如图9-3-1和图9-3-2所示。

依据各专业图纸相关规范，制定相应的BIM模型图纸导出标准。以BIM协同设计的形式，构建各专业参数化BIM模型。通过对模型进行可视化展示、模型交互、碰撞检查、优化后，分别创建可供设计各个阶段使用的三维视图、平面视图、剖面视图以及局部视图，如图9-3-3和图9-3-4所示。

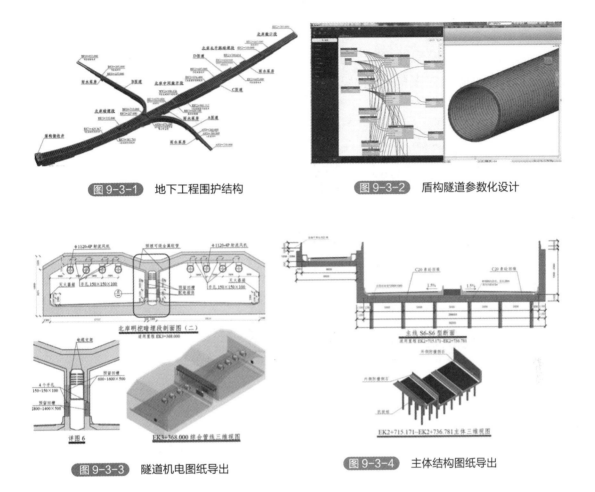

图 9-3-1　地下工程围护结构

图 9-3-2　盾构隧道参数化设计

图 9-3-3　隧道机电图纸导出

图 9-3-4　主体结构图纸导出

◎**工作难点2：市政隧道涉及地下管线众多，涉及燃气、供水、广电、通信、军事、供电等相关部门，管线拆改对施工影响大。由于路线设计是对空间三维曲线的设计，需要兼顾多专业协同和空间的复杂性，因此机电专业的设计难度很大。**

解析

　　市政地下管线优化应符合以下规定：

　　针对项目特点，制作机电建模样板，各专业BIM工程师分别建立各专业机电模型，并对模型进行碰撞检查。通过碰撞检查，统计汇总碰撞问题，对于一般性的碰撞问题，通过调整管线标高、管线路径等方式进行优化；对于涉及专业众多的非一般性碰撞问题，将问题反馈至相关单位，通过BIM协调会议，由各参与单位共同讨论研究，决定最优方案。最终出具相应的深化设计模型并反馈至设计单位。

除了项目本身的众多机电管线需要优化之外，还需要对原有地下管线进行迁移。原有地下管线包括电力、光纤、给水等各类管线。通过现有地下管线探测，建立现有地下管线模型并进行分析，模拟不同阶段管线搬迁的状态和隧道的建设状态，使管线搬迁方案的目的性更加明确、直观，设计出最优的管线拆改方案，如图9-3-5所示。

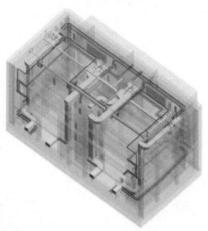

图 9-3-5　隧道机电管线

◎**工作难点3：** 市政隧道工程地质条件受区域地质构造影响，地质条件复杂，施工过程中不可预见因素较多，施工难度大。各工区、各区域之间容易出现工序重合、交叉、延误等问题。

解析

市政隧道进度管理应符合以下规定：

利用Navisworks软件，将模型与进度进行关联，为项目部管理人员直观展示各工区、各区域的进度推演情况，有效地解决各工区之间出现的工序重合、交叉、延误等问题。提前发现模拟中存在的问题，制订应对措施，直观展现各专业进度关系，优化进度计划，指导资源调配和施工部署。

现场人员利用手机APP，将项目进度动态实时上传至APP上，项目部管理人员即可通过APP了解到现场的进度情况，对比进度计划，若出现进度滞后，则及时进行分析，寻找解决方法，确保整体工期计划不受影响，如图9-3-6所示。

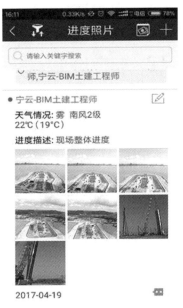

图 9-3-6　进度动态发布

◎**工作难点4：** 市政地下工程施工现场一般较为狭窄，材料堆放及材料加工场地面积小，为保障施工正常进行需要对施工现场合理规划。在施工过程中往往存在着材料乱堆乱放、机械设备安置位置妨碍施工的情况，为了进行下一步的施工常常将材料设备挪来挪去，影响施工的正常进行。在施工过程中，由于场地狭小等原因，将成品和半成品通过小车或人力进行第二次或多次的转运会产生大量的二次搬运费用，增加项目的成本支出。

解析

市政地下工程三维场地布置应符合以下规定：

借助BIM技术对施工场地的安全文明施工设施进行建模，并对尺寸、材料等相关信息进行标注，形成统一的安全文明施工设施库。

BIM技术的优势在于其信息的可流转性，BIM模型不仅包含构件的三维样式，更重要的是其所涵盖的信息，包括尺寸、质量、材料类型及材料生产厂家等。在使用BIM软件进行场地建模之后，可以将布置过程中所使用的施工机械设备数量、临电临水管线长度、场地硬化所需混凝土工程量等一系列的数据进行统计，形成可靠的工程量统计数据，为工程造价提供依据。通过在软件中选择要进行统计的构件，设置要显示的字段等信息，输出工程量清单计算表，如图9-3-7所示。

图 9-3-7　三维场地布置

9.4　市政排水设施

◎**工作难点1：**城市道路多处穿越池塘及城市环形水系，且施工路段的地下水位埋深较浅。施工期间池塘路段施工围堰的修建与拆除、地下水的处理和临时施工便道的修建是施工的重难点。

解析

市政排水设施基于BIM的深化设计应符合以下规定：

雨水管、污水管、电力管等管线交错布置，较为复杂，通过Civil 3D对管网建模，直观展示管网的三维模型，并在不同降雨量情况下模拟分析管道排水量，防止形成洪涝，如图9-4-1和图9-4-2所示。

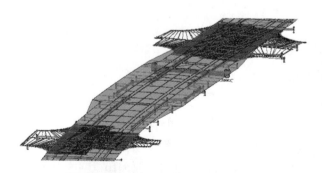

图 9-4-1　道路管网结构模型　　　　图 9-4-2　道路雨水污水管模型

由于道路修建过程隔断了原有排水渠道及涵洞，为了保持水系连通，排水顺畅，需要在道路合理位置设置过水涵洞，为避免设计矛盾，通过Civil 3D建立涵洞模型，并与原设计进行对比，避免施工误差，如图9-4-3所示。

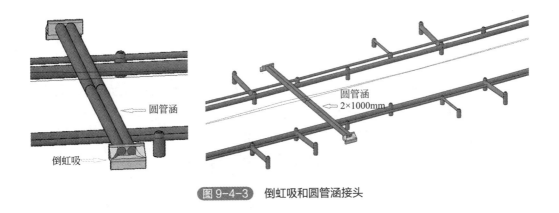

图 9-4-3　倒虹吸和圆管涵接头

◎**工作难点2**：城市排水场区内地下管线交叉分布复杂，迁移及保护难度大。在施工阶段可能存在因错误施工造成损失和返工的可能性。

解析

市政排水基于BIM的管线碰撞检测应符合以下规定：

在施工前依据设计单位及勘察单位提供的设计图纸及原有的地下管线布置图进行管线及道路模型绘制，实施碰撞检查和测试，及时发现和记录图纸问题，并向相关单位人员反馈图纸问题，提供优化工程设计建议，以提高施工质量、有效缩短工期。

在Civil 3D中完成道路雨水管、污水管、给水管、燃气管和电力管等管线的建立后，将形成的Civil 3D文件导入到Navisworks，实施碰撞测试，根据测试结果合理调整管线高程，直至实现零碰撞。通过碰撞测试主要解决雨水管与给水管、污水管之间的碰撞，如图9-4-4所示。

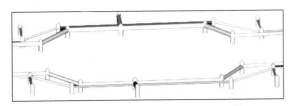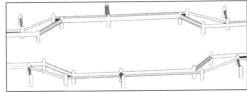

图 9-4-4　管线碰撞检测

◎**工作难点3**：海绵城市道路设计主要难点在于道路径流雨水应通过有组织的汇流与转输，经截污等预处理后引入道路红线内、外绿地内，并通过设置在绿地内的以雨水渗透、储存、调节等为主要功能的低影响开发设施进行处理，传统手段难以处理此问题。

解析

基于BIM的海绵城市应用生产应符合以下规定：

（1）雨量动态模拟。当降雨量较小且低于控制率目标时，路面排水采用生态排水的方式，路面雨水首先汇入道路红线内绿化带，将道路雨水引入道路红线外城市绿地内的低影响开发设施进行消纳。当降雨量较大，超过两年设计重现期雨量，甚至达到30年或者50年一遇降雨时，虽然短时间内仍会有积水产生，但是通过一段时间的消纳，在2年重现期降雨期间通过下沉式绿地滞蓄、透水铺装下渗和雨水管网传输，通过行泄通道疏导雨水，排入市政管网及周边环形水系，最后汇流入其他水系。仍能总体满足海绵城市设计指标要求，如图9-4-5所示。

图9-4-5　雨量动态模拟

（2）径流目标控制。创建道路地形模型，道路地形模型中蓝色部分为流水径流区域，可根据降雨量大小自动调整流量，根据径流位置、大小和范围，从而准确判断易汇水区，也有助于划分易积水地段，达到海绵城市径流控制目标，如图9-4-6所示。

扫码看
彩图

图9-4-6　径流目标控制

9.5　市政景观设施

◎**工作难点1：**市政景观工程对于展示效果的要求较高，传统的设计图纸及效果图无法展示各种方案建成后的实际景观效果。

解析

市政景观三维可视化应用应符合以下规定：

（1）通过前期调研，建立装饰材质库，其中包含地面用材，墙面用材等，并编制单价，厂商等详细信息，提取材质库中的材质，进行装饰深化，对装饰方案进行比选。同时建立室外铺装材质库，通过效果图渲染进行广场铺地方案的比选。建立植物信息库，对不同植物进行不同搭配，进行植物搭配比选，如图9-5-1所示。采用不同的照度，通过对夜间照明的模拟选出既不影响照明又不造成光害的合适照度，即进行照度比选，以达到节能的目的。

铺装方案比选一　　铺装方案比选二　　铺装方案比选三

植物搭配比选一　　植物搭配比选二　　植物搭配比选三

图 9-5-1　景观方案比选

（2）裸眼VR与现场的结合。整个VR体验包含两个部分，一是3ds Max渲染效果的VR体验，二是通过拍摄全景相片制成的现场实景VR体验。通过扫描二维码，可以使施工现场管理人员及公司管理人员实时进行VR体验。工作站还将施工工艺信息、技术交底信息、植物信息等悉数挂接于全景模型上，管理人员在VR体验的同时，可以点击查看需要的信息。很大程度地提高了施工现场的信息化、科学化和先进性，如图9-5-2和图9-5-3所示。

图9-5-2　渲染效果 VR

图9-5-3　现场实景 VR

◎**工作难点2：** 市政景观工程存在大量特殊构件，传统技术交底效率低，无法确保信息的有效传递，同时缺少对于质安、进度、资料各方面的统一管理，竣工交付较为困难。

解析

市政景观BIM管理应符合以下规定：

（1）二维码交底。为方便进行技术交底，将各专业的技术交底内容制成二维码并形成二维码交底库，这些二维码被张贴在现场的各个部位，比如将落叶乔木的栽植二维码贴在树干上，现场施工人员可以随时扫码查阅。极大程度地方便了现场信息的传递。

（2）手机端可视化工艺库。将施工工艺内容制成工艺交底卡和施工工艺动图的形式，整理成库存入手机，如图9-5-4所示。现场管理人员的手机里都对施工工艺交底库进行备份，可以随时查看施工工艺信息。达到将工艺样板随身携带，随时查看的目的。

（3）质安管理。为项目创建BIM云平台，通过移动端、客户端、网页端的质安协同管理，提供高效、快捷的工作模式，实现多维度、全方位地解决问题。

（4）进度管理。项目成员使用移动端上传现场实际进度照片，通过云平台自动同步进度概况。管理层通过BIM5D平台查看项目整体进度及各工区细部的进展情况，与计划进度进行对比，及时采取纠偏措施，如图9-5-5所示。

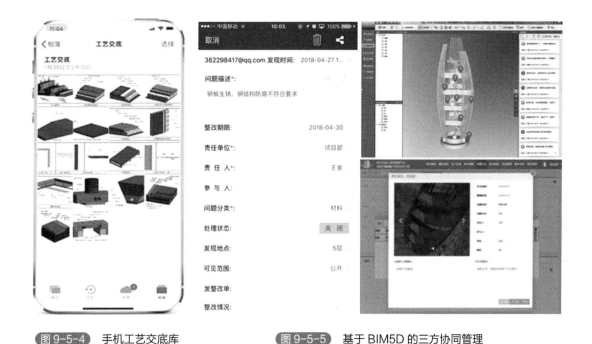

图 9-5-4　手机工艺交底库　　　　　图 9-5-5　基于 BIM5D 的三方协同管理

　　（5）资料管理。将资料挂接于模型构件上，通过云数据平台可以上传、下载和查阅，实现资料与生产进度的实时同步。

第10章 电气化工程专项应用

10.1 电缆敷设

◎**工作难点**：电缆敷设施工是电气施工的基础工作，电气系统的供电安全与电缆敷设的施工质量密不可分，该工作经常会遇到一些问题：传统的电缆敷设主要依赖设计图纸或投标清单中的电缆工程量，通过设计图纸得到的电缆长度显然不够精准，不能实际反映施工现场的实际情况，导致电缆实际用量与理论计算量普遍存在很大差异；传统的电缆敷设施工方法依靠施工人员根据现场情况和以往施工经验规划电缆走向，以避免电缆交叉和超弯曲半径的情况，不可能将所有电缆都考虑得很到位。在这种情况下敷设电缆难免会导致现场电缆交叉错乱，最终使配电房整体效果不美观；电缆计算公式繁琐，增加了现场施工人员的工作量，降低了工作效率；敷设空间狭小，施工难度增加，通过人工测量和二维图纸得到的布局方案，往往在配电房布局过程中无法真实还原实际敷设环境，使在本就空间有限的设备房敷设电缆操作更加不易，增加人工敷设难度。

解析

（1）模型优化

模型完成后，在满足规范和施工工艺的前提下将整个模型优化，使其既美观又经济，优化步骤：电缆沟→配电柜位置→电缆沟支架→桥架布局走向→电缆敷设排布。

（2）电缆沟优化

配电房中电缆都集中敷设在电缆沟中，电缆沟的宽度、深度、路由决定了电缆敷设的美观程度和难易度。优化时需要考虑电缆路由为捷径且各配电柜出线电缆无交叉敷设，如图10-1-1所示。

（3）电缆支架优化

根据配电柜位置和电缆沟走向在电缆沟两侧分别设置支架，遵循的原则：电缆沟有配电柜的一边配电柜下方均要设置支架，在电缆沟另一边穿插布置支架，使人在电缆沟中能够呈蛇形行走，如图10-1-2所示。

图 10-1-1　电缆沟优化

图 10-1-2　电缆支架优化

（4）电缆路由模拟

对模型优化后，通过计算机模拟电缆敷设路由，真实还原实际环境，在模拟模型中依次审查，发现有不合理的位置后，及时修改模型，模拟时主要保证消防电缆和普通电缆分布在电缆沟两侧的电缆支架上，消防电缆和普通电缆分开，电缆在转弯处的转弯半径大小合适，电缆在出配电房的竖向桥架上排列整齐。在优化电缆路径时，只需要调整电缆的位置参数即可，极大地提高了变电所的电缆布局调整效率，如图10-1-3和图10-1-4所示。

图 10-1-3　电缆敷设模拟

图 10-1-4　电缆敷设成果

10.2 设备编码管理

◎**工作难点1：** 电气专业的图纸表示的是设备之间的关系，有自己的图形符号，与实物外观关系不大。BIM出图对电气专业是一个很大的挑战，既要有模型，又要有二维图例可供出图。

🗎 **解析**

根据专业、系统的不同，选择不同的族样板，通过拉伸、放样等绘制三维族模型，根据具体需要添加电压等级、尺寸标注、材质等参数形成参数化族，后期通过调整参数可以使族适应不同的需求。为满足国家制图标准，创建二维图例要以"公制常规注释族"为样板建立注释族，因为其大小随着图纸的比例变化而变化。做注释图例的时候要缩小100倍，这样放到比例为1：100的图纸里就是正常大小。在CAD中创建电气标准块，保存之后链接到Revit中，作为底图，在Revit中描出图例。这样既保证了图例的准确性又提高了效率。电气二维图例、三维族模型如图10-2-1所示。

螺口灯座　　筒灯

吸顶灯　　单管荧光灯

AW　　AT

电度表箱　　电源自动切换箱

AC　　XD

控制箱　　接线箱

图 10-2-1　电气二维图例、三维族模型

◎**工作难点2**：如何在建筑生命周期的不同阶段添加不同信息，以及如何将这些信息有效利用是工作中的关键问题。

解析

目前各种设备族包含了厂家、设备型号、安装使用说明、外形尺寸等大量信息。设计阶段电气专业需要水暖电等设备的功率、电源接口等信息，以及灯具设备添加型号、利用系数、光通量、光源功率等参数信息。在后期自动拾取照度信息、自动计算、自动布置设备等流程中，这些信息可以得到有效利用。实现设计、施工、运维、拆除各阶段设备信息在整个建筑生命周期内的有效传递与利用，减少重复性工作，提高效率、降低成本。干式变压器属性信息如图10-2-2所示。

图 10-2-2　干式变压器属性信息

10.3　电线、电缆头制作，导线连接和线路绝缘测试

◎**工作难点**：导线的连接未做搪锡或搪锡不合格，如图10-3-1～图10-3-4所示。

图 10-3-1　导线与端子未压接涮锡

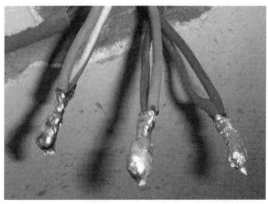

图 10-3-2　涮锡温度不够

图 10-3-3　导线未涮锡

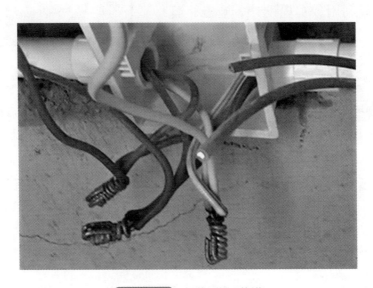

图 10-3-4　导线涮锡不饱满

解析

　　导线的连接或与器具的连接不符合要求，会造成断开、接触不良、氧化、发热、漏电、过载等问题，导致触电及电气故障事故发生。

　　（1）导线连接应符合以下规定。

　　依据《建筑电气工程施工质量验收规范》GB 50303—2015，截面积6mm^{2}及以下铜芯导线间的连接应采用导线连接器或缠绕搪锡连接，并应符合下列规定：

　　1）导线连接器应与导线截面相匹配；

2）单芯导线与多芯软导线连接时，多芯软导线宜搪锡处理；

3）与导线连接后不应明露线芯；

4）采用机械压紧方式制作导线接头时，应使用确保压接力的专用工具；

5）多尘场所的导线连接应选用IP5X及以上的防护等级连接器；潮湿场所的导线连接应选用IPX5及以上的防护等级连接器。

（2）导线缠绕及搪锡做法，如图10-3-5 ~ 图10-3-9所示。

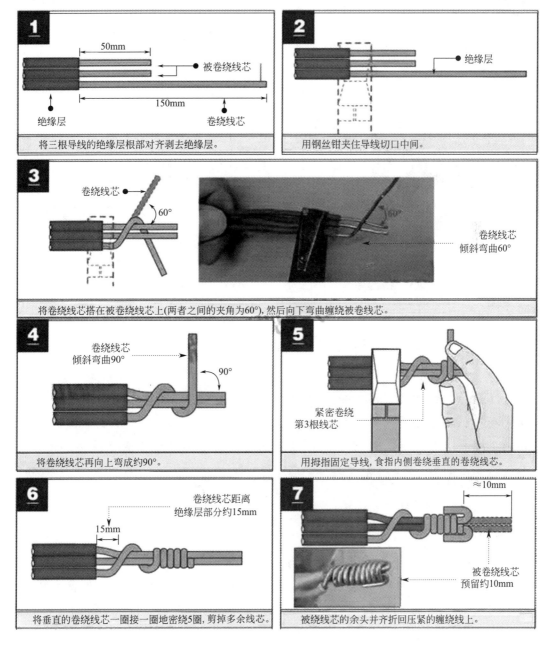

图 10-3-5 导线缠绕及搪锡做法示意

图 10-3-6　涂抹涮锡膏

图 10-3-7　锡锅搪锡

图 10-3-8　搪锡过程

图 10-3-9　搪锡成品

10.4　电气机房的合理空间排布

◎**工作难点：**机房电气设备种类及型号众多，出入机房的桥架、母线、电缆数量繁杂，机房内的电缆功率高，质量大，不容易弯曲和连接，需要合理安排桥架的进线及布线位置，理顺重要桥架和配电柜的空间管线，便于施工和维护。相关示意图如图 10-4-1 和图 10-4-2 所示。

解析

　　如果不对电气设备及桥架的空间分布进行合理排布，将导致电气设备使用及维护不便，电缆桥架及电缆综合交错，不利于施工及后期的检修，且观感不佳。

　　（1）电气设备排布位置应合理，减少重要桥架的翻弯，便于设备的规整和使用，如图 10-4-3 所示。

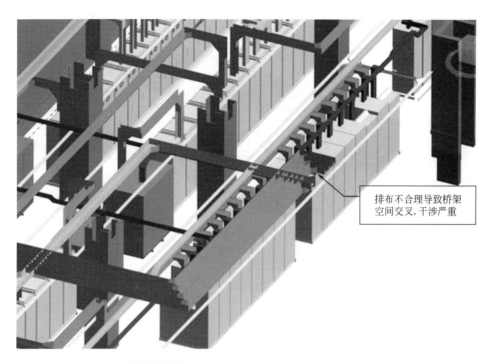

排布不合理导致桥架
空间交叉,干涉严重

图 10-4-1 桥架排布不合理导致管线纵横交错

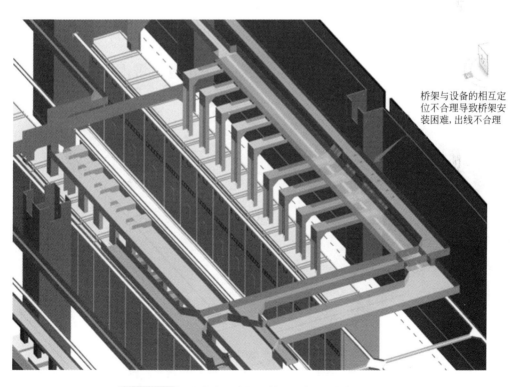

桥架与设备的相互定
位不合理导致桥架安
装困难,出线不合理

图 10-4-2 桥架与设备相互位置不合理，桥架不便连接

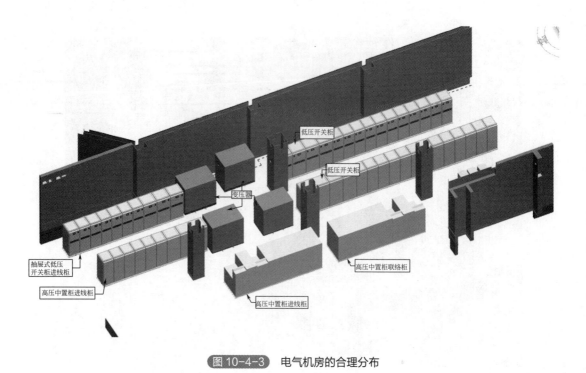

低压开关柜

低压开关柜

变压器

抽屉式低压
开关柜进线柜

高压中置柜进线柜

高压中置柜进线柜

高压中置柜联络柜

图 10-4-3　电气机房的合理分布

（2）电缆桥架空间应合理排布，便于桥架和设备的电缆连接，如图10-4-4所示。

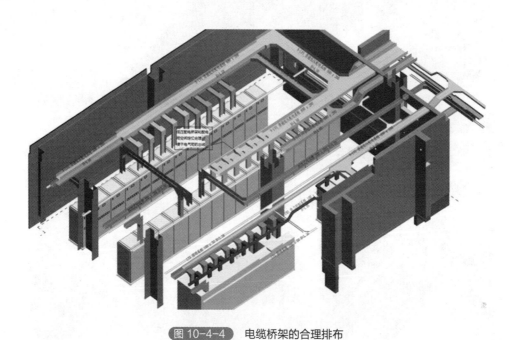

图 10-4-4　电缆桥架的合理排布

第11章 水运水利水电专项应用

11.1 水运专项应用

11.1.1 航道协同设计

◎**工作难点：**对项目初步设计阶段利用BIM技术制作的模型进行协同设计。

🗂 **解析**

通过创建初步设计阶段BIM模型，复核二维设计成果，辅助深化设计方案，提前发现并解决复杂技术问题。

（1）利用BIM模型作为专业间检查与复核的工具，将专业内多成员、多专业、多系统间原本各自独立的设计成果（含中间结果与过程），置于统一、直观的三维模型协同设计环境中。

（2）避免因误解或沟通不及时造成不必要的设计错误，提高设计质量和效率。如图11-1-1所示。

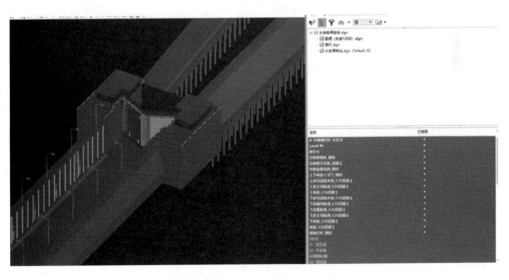

图 11-1-1 BIM 三维模型协同设计

11.1.2 船闸BIM正向出图

◎**工作难点：**利用BIM模型进行部分图纸的正向出图。

解析

对本项目部分空间复杂、构造复杂的结构，采用BIM模型进行部分图纸正向出图。

（1）基于精细化BIM模型，通过投影、剖切、轴测图等方式，输出二维图纸。三维正向出图保证了图纸的精确性。

（2）二维图纸与三维图纸保持关联，使每次设计调整后，都可以快速得到新的设计图纸。如图11-1-2所示。

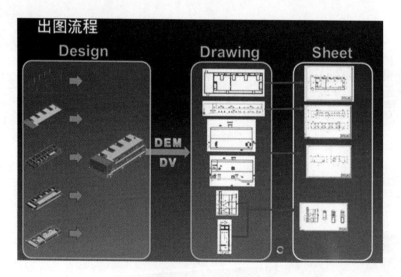

图 11-1-2 BIM 模型正向出图

11.1.3 航道设计校核与优化

◎**工作难点：**通过协同设计和可视化分析，及时处理平面图、立面图、剖面图几种二维视图之间的不协调问题。

解析

应用BIM技术，通过协同设计和可视化分析，及时处理二维视图之间的不协调问题，保证设计的顺利进行。

对项目场地中土建、金结等各专业建模，对项目二维设计成果进行集成和可视化，从而进行结构碰撞干涉检查、尺寸校对、部分构件工程量校核等，优化图纸设计。如图11-1-3所示。

充分利用模型创建过程作为设计校核及优化的过程，对于模型发现的问题，以BIM校核反馈的形式，确认修改，形成闭环。如图11-1-3和图11-1-4所示。

图 11-1-3　基于 BIM 模型的设计校核

	问题描述	问题截图	修改措施	
所属部位				是否修改
×××				是\否
设计负责人				确认人
×××				×××

图 11-1-4　BIM 设计校核反馈单（样表）

11.1.4　航道可视化应用

◎**工作难点：** 基于全专业BIM模型、GIS场景、倾斜实景数据，利用可视化应用。

解析

利用场景渲染、漫游视频、视野分析、景观分析等具体功能应用。

（1）利用高质量、高精度的可视化成果，能够有效对设计方案进行可视化展示，以辅助决策。

（2）BIM模型的精确性使交流高效、直观，从而提升整个项目的沟通协作效率。如图11-1-5所示。

图 11-1-5　基于 BIM 模型的可视化应用

11.1.5　航道BIM+GIS占地分析

◎**工作难点：**利用BIM+GIS技术，对拆迁地块进行标示，分析拆迁物与设计构造的关系。

解析

通过结合正射影像、三维实景、高精度模型、设计红线及实际进度，全面跟踪分析拆迁面积、拆迁进度、施工进度之间的关系。

通过在LumenRT等软件中创建场地，能够快速分析施工场区布置与既有建筑物的关系，协助进行施工过程中的占地征拆工作。如图11-1-6所示。

图 11-1-6　BIM+GIS 占地分析

11.1.6　航道倾斜实景应用

◎**工作难点：** *如何为设计提供有力的数据支撑，有效补充项目的外业数据，提升项目的内业质量。*

解析

在准确定义的地理坐标系下，倾斜实景能够与BIM模型实现精准定位，有效辅助项目开展三维精细化设计，指导周边村镇的占地分析。

（1）倾斜摄影技术是国际摄影测量领域近十几年发展起来的一项高新技术，该技术通过从五个不同的视角（一个垂直、四个倾斜）同步采集影像，获取丰富的项目顶面及侧视的高分辨率纹理图。垂直地面角度拍摄获取的影像称为正片（一组影像），镜头朝向与地面成一定夹角拍摄获取的影像称为斜片（四组影像）。它不仅能够真实地反映地物情况，高精度地获取物方纹理信息，还能够通过先进的定位、融合、建模等技术生成真实的三维城市模型。

（2）本节以真实项目为例，根据项目需求，该项目采集溢洲船闸周边附近真实的三维场景，模型基本精度控制为4cm，真实反映周边建筑、河流、道路等沿线地形地貌，能直接反映地物现状外观、空间位置，为设计提供有力的数据支撑，有效补充项目的外业数据，提升项目的内业质量。如图11-1-7所示。

（3）在准确定义的地理坐标系下，倾斜实景能够与BIM模型实现精准定位，有效辅助项目开展三维精细化设计，指导周边村镇的占地分析。如图11-1-8所示。

图 11-1-7　船闸倾斜实景

图 11-1-8　船闸倾斜实景

11.1.7　航道工程量统计

◎**工作难点：**基于BIM技术创建的模型是一个富含建筑构件工程信息的数据库，根据模型创建的精度，可有针对性地对构件属性分门别类，并统计相应工程量。

解析

为了准确提供已创建模型的所需信息。该项目拟对船闸等结构开展BIM工程量统计，由模型输出结构混凝土方量等工程信息。

根据模型创建的精度，可有针对性地对构件属性分门别类，并统计相应工程量，能准确提供已创建模型的所需信息。如图11-1-9所示。

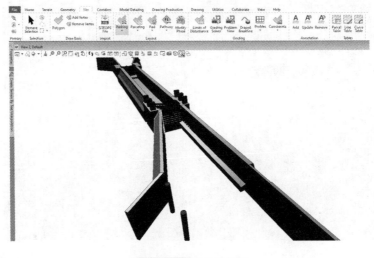

图 11-1-9　地面平整

11.1.8　航道初步设计阶段BIM应用技术路线的初步验证

◎**工作难点：** 帮助业主在项目建设初期对建造过程进行统筹规划。

解析

通过对模型精细度与信息深度的要求，将管理要素与设计内容充分融合，实现以BIM模型为载体的项目标准化管理，与本项目BIM建设管理平台相互配合，在初步设计阶段即形成项目建设管理的基本管理框架，实现"一模到底"，形成贯穿全部建设过程的管理手段，提高项目建设管理水平。如图11-1-10所示。

（1）创建工程可行性研究阶段船闸BIM模型，作为对初步设计阶段BIM应用技术路线的初步验证。

（2）将BIM模型与倾斜实景整合。如图11-1-11所示。

图 11-1-10　施工测量控制网

图 11-1-11　将BIM模型与倾斜实景整合

11.1.9 航道开挖模型

◎**工作难点：**项目结构体量大，水工结构复杂，多为异型结构，项目包含专业较多。如图11-1-12所示。

解析

针对复杂的金属结构，需要从Autodesk Revit导入模型，导入后需要对模型添加材质和属性。若场地模型较为复杂，开挖量大，开挖边坡精度要求较高，则需要精确统计场地开挖量。如图11-1-13所示。

（1）建模前需要统一所有软件的工作空间的资源文件，搭建项目特有的工作环境，制定统一的定位轴网，统一文件命名和参考原则等。

（2）把项目文件与项目工作空间托管至ProjectWise，实现整个项目组的协同设计。

（3）金属结构设计采用Inventor；土建结构设计采用MicroStation、AECOsim Building Designer；场地模型创建采用GEOPAK Site、OpenRoads Designer；模型渲染采用LumenRT；模型整合采用MicroStation、ProjectWise等相关技术软件。

图 11-1-12　场地开挖模型

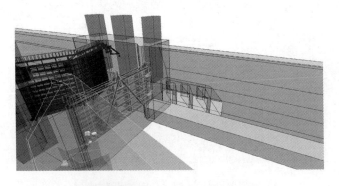

图 11-1-13　项目模型细部结构图

11.1.10 航道基于 **BIM** 设计应用框架

◎**工作难点：**采用项目设计、建设、运维管理全过程统筹的BIM总体应用模式，以BIM模型为载体，全过程应用BIM技术。

解析

根据城市总体规划、城市综合交通规划，考虑社会效益、环境效益与经济效益的协调统一，贯彻"创新、协调、绿色、开放、共享"的新发展理念，遵循和体现"以人为本、资源节约、环境友好"的总体设计原则。根据项目建设背景及功能定位，设计方案贯彻"功能适用、结构安全、造价经济、结构耐久、造型美观、环境协调，技术先进"的总体目标。严格执行可行性报告的批复及各专题批复，严格执行规程规范和法律法规。充分理解招标项目的建设目的、建设内容、建设条件及建设管理单位要求。做好调研及基础资料收集工作，确保基础资料翔实可靠。进行多方案比选，及时进行方案评审，综合确定最优方案。加强模型试验研究，为设计提供指导。

（1）调研及基础资料收集工作需要确保基础资料翔实可靠。及时进行方案评审，综合确定最优方案。加强模型试验研究，为设计提供指导，如图11-1-14所示。

（2）项目设计阶段BIM工作组设BIM项目总负责人1名，该人员具备类似BIM项目管理经验、熟知BIM知识、了解交通行业BIM工作组织习惯等。同时配备土建、金结、场地、地质专业BIM骨干成员至少各1名，BIM骨干成员应是具备从事BIM相关工作经验，并且对BIM技术十分了解，尤其熟知本专业BIM技术发展情况等，与各专业二维设计师开展二三维联动设计工作，如图11-1-15所示。

（3）初步设计阶段BIM应用应兼顾施工图设计、施工过程管理、运维管理对模型的精细度、颗粒度、信息深度要求，在建模阶段坚持专业建模、图模同步的原则。

（4）模型组织层级可以依据项目的需求、特点，按分项工程、专业、功能区等维度对建模任务进行划分，上述几种维度也可以组合使用，如图11-1-16所示。

（5）采用BIM技术的设计方式后，将结合BIM模型进行初步设计过程，可依据BIM模型生成各类视图，从而实现图纸与模型的关联性和一致性。BIM技术的引入将带来部分专业设计工作的前移，同时也为专业内部及专业间的直接数据交换提供了技术手段。

（6）基于BIM技术的工作流程可划分为五个环节，包括初步设计、综合协调、二维视图生成、方案审批、交付及归档，如图11-1-17所示。

（7）在各专业建立初步设计BIM模型之后，基于模型的综合协调环节取代了传统的互提条件环节，并增加了新的剖切模型生成二维视图的环节。通过BIM模型进行设计方案验证之后，再生成二维视图进行审批，最后BIM模型及生成的二维视图将同时交付及归档。

业主		
BIM设计方	BIM施工方	BIM其他参与方
1标	1标	1标
2标	2标	2标
3标	3标	3标
……	……	……

图 11-1-14　BIM 应用总体组织框架

设计阶段			
BIM负责人			
土建	金结	场地	地质
专业设计师	专业设计师	专业设计师	专业设计师
BIM设计师	BIM设计师	BIM设计师	BIM设计师
BIM汇总			

图 11-1-15　设计阶段 BIM 应用组织框架

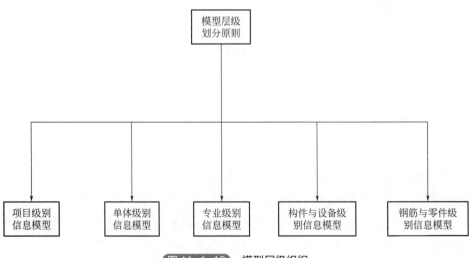

图 11-1-16　模型层级组织

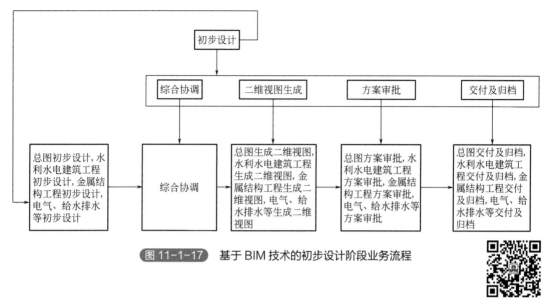

初步设计

综合协调   二维视图生成   方案审批   交付及归档

总图初步设计,水利水电建筑工程初步设计,金属结构工程初步设计,电气、给水排水等初步设计

综合协调

总图生成二维视图,水利水电建筑工程生成二维视图,金属结构工程生成二维视图,电气、给水排水等生成二维视图

总图方案审批,水利水电建筑工程方案审批,金属结构工程方案审批,电气、给水排水等方案审批

总图交付及归档,水利水电建筑工程交付及归档,金属结构工程交付及归档,电气、给水排水等交付及归档

图 11-1-17 基于 BIM 技术的初步设计阶段业务流程

扫码看
详图

11.1.11 航道BIM设计模型创建方案

◎**工作难点：**设计信息将分别在总平面图、各平面图、立面图、剖面图等图纸中进行描述。

解析

在BIM设计模式下，所有的交付信息都被统一记录在BIM模型中，因此模型的建模深度及详细程度应满足实际设计交付要求，避免过度建模或建模不足。

（1）调研BIM模型的主要创建依据如下：《水运工程信息模型应用统一标准》JTS/T 198-1—2019、《水运工程设计信息模型应用标准》JTS/T 198-2—2019、《建筑信息模型分类和编码标准》GB/T 51269—2017、《建筑信息模型设计交付标准》GB/T 51301—2018、《建筑工程设计信息模型制图标准》JGJ/T 448—2018。

（2）在二维设计模式下，设计信息将分别在总平面图、各平面图、立面图、剖面图等图纸中进行描述；在BIM设计模式下，所有的交付信息都被统一记录在BIM模型中，因此模型的建模深度及详细程度应满足实际设计交付要求，避免过度建模或建模不足。初步设计阶段建模精细度为LOD200，如图11-1-18所示。

（3）模型的装配按层级进行。第一级：项目总装模型（总装，将区域总装文件参考至项目总装）；第二级：区域总装模型（区域或标段内，将专业分装文件参考至区域总装）；第三级：专业分装模型（某区域，各专业内，将结构组装文件参考至专业分装）；第四级：结构组装模型（不同结构，将设计模型文件参考至结构组装）；第五级：设计模型（细部模型部件）。

（4）BIM模型中附带属性信息，依据《水运工程信息模型应用统一标准》JTS/T 198-1—2019，信息模型分类应采用面分类法，分类对象宜包括成果、进程、资源和属性等四类，如图11-1-19所示。

等级	简称	阶段	备注
200级精细度	LOD200	初设	模型构件应表现对应实体的主要几何特征及关键尺寸，无需表现细节特征、内部构件组成等；构件所包含的信息应包括构件的主要尺寸、安装尺寸、类型、规格及其他关键参数和属性等

图 11-1-18　BIM 模型精细度列表

分类	内容
成果	水运工程单体
	水运工程构件与设备
	水运工程钢筋与零件
进程	水运工程项目阶段
	水运工程专业
	水运工程建设分部分项
	水运工程工程量清单
资源	水运工程产品
	水运工程组织角色
	水运工程人员角色
	水运工程交付成果类型
属性	水运工程特征
	水运工程子领域

图 11-1-19　BIM 模型信息分类结构

11.1.12　航道BIM交付成果

◎**工作难点：**形成交付成果。

解析

在初步设计阶段，需要应用成果汇总表。

（1）利用BIM项目管理平台，开展基于BIM的建设管理（风险管控、施工管理、关键点模拟）应用，实现工程建设进度、质量、安全与工程量全过程数据的录入与集成，建立包含构筑物结构模型信息、设备模型信息及施工管理信息等完整的项目数据库，为后续的验收与试运行提供数字资产，如图11-1-20所示。

（2）BIM应用贯穿建设全过程，工作周期从施工图设计阶段开始到工程竣工投入试运营结束，建立主要参与方各阶段BIM技术应用流程，如图11-1-21所示，以明确各参与方的工作流程与协作关系。

（3）BIM应用应按工程进行的不同阶段划分。如图11-1-22所示。

管理平台	应用模型	模型应用	工作内容	成果
设计协同管理平台	设计模型	设计协调 设计深化 冲突检测 管线综合 结构分析 工程量统计 出图	模型创建 可视化与协同设计 二维图纸审查 结构构件、设施及 管网碰撞检测 虚拟仿真漫游	三维数字模型成果 分析报告 漫游视频
BIM项目管理平台		空间碰撞检测 施工深化设计 施工方案模拟 工程量复核	施工工艺合理化 分析 施工方案优化 工程进度模拟 质量与安全风险 管控	施工深化模型 可视化视频 施工管理平台信息 文档移交
	施工模型	竣工模型构建 辅助应急预案 编制	模型中集成验收及 试运行信息	竣工模型

图 11-1-20　工作内容及成果一览表

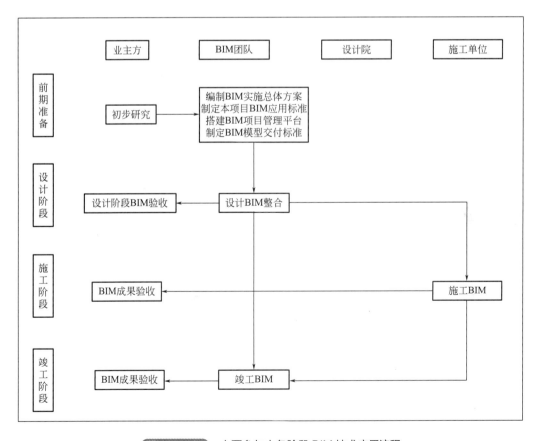

图 11-1-21　主要参与方各阶段 BIM 技术应用流程

阶段	BIM内容	应用目标
设计阶段	各专业模型构建	创建施工图阶段BIM模型，复核二维设计成果，辅助深化设计方案，提前发现并解决复杂技术问题
	协同设计	将专业内多成员间多专业多系统原本各自独立的设计成果(包括中间结果与过程)，置于统一、直观的三维协同设计环境中，避免因误解或沟通不及时造成不必要的设计错误，提高设计质量和效率
	设计协调	应用BIM技术，通过协同设计和可视化分析平、立、剖各种二维视图之间的不协调问题，保证了设计、施工的顺利进行
	冲突检测与三维管线	通过BIM模型，进行各专业之间和全专业之间进行碰撞冲突检查，并根据碰撞结果进行调整，得出优化方案
	虚拟仿真漫游	对设计方案进行可视化展示，以辅助决策
	设计方案深化	复核二维设计成果，通过3D可视化、精确定位、碰撞检查、合理布局、设备参数复核计算等BIM功能，辅助深化设计方案，提前发现并解决复杂技术问题
施工阶段	空间碰撞	利用BIM的可视化功能进行结构设施、施工设备、场地布置的碰撞检测，将碰撞点尽早地反馈给设计人员，为实际解决问题提供信息参考，在第一时间尽减少现场的管线碰撞和返工现象
	施工深化设计	提升工程信息模型的准确性、可校核性，将施工操作规范与施工工艺融入施工作业模型，使施工图满足施工作业的需求
	施工方案模拟	对于重要、复杂施工节点，在模型中添加施工设备，结合施工方案进行精细化施工模拟，检查方案可行性，实现施工方案的优化
	工程量统计	从施工作业BIM模型中获取各清单子目工程量与项目特征信息，提高造价人员编制各阶段工程造价的效率与准确性
	施工数据采集	对施工现场进行勘查，采集现场数据，为后期深化设计、施工方案等提供准确数据
	施工进度控制	将施工进度计划整合进施工图BIM模型，形成4D施工模型，模拟项目整体施工进度安排，检查施工工序衔接及进度计划合理性
	质量与安全管理	基于BIM技术的质量与安全管理是通过现场施工情况与模型的比对，提高质量检查的效率与准确性，并有效控制危险源，进而实现项目质量、安全可控的目标
	设备与材料管理	运用BIM技术达到按施工作业面配料的目的，实现施工过程中设备、材料的有效控制，提高工作效率，减少不必要的浪费
竣工验收	竣工模型构建	在项目竣工验收时，将竣工验收信息添加到施工作业BIM模型，并根据项目实际情况进行修正，以保证模型与工程实体的一致性，进而形成竣工模型，以满足交付及运营基本要求

图 11-1-22 BIM 主要应用内容及目标

11.1.13　码头BIM设计模型创建方案

◎**工作难点：** 创建码头模型。

解析

对码头平台、高桩框架结构、码头结构段、码头排架、排架间距、桩基、底横梁、靠船立柱、框架立柱、靠船梁、横撑、纵撑、系缆平台、横梁、桩帽、轨道梁、纵梁、前边梁、后边梁、预制面板、现浇面层、护轮坎、系船柱、橡胶护舷、钢爬梯等构件进行参数化建模研发。码头工程结构划分如图11-1-23所示。

（1）建立三维模型需要采用各专业专用软件建立专业模型，然后在平台上组装成整体模型，模型装配层级关系图如图11-1-24所示。

（2）根据模型创建的精度，可以有针对性地对构件属性分门别类并统计相应工程量，这样能在工作中准确提供已创建模型的所需信息。如图11-1-25和图11-1-26所示。

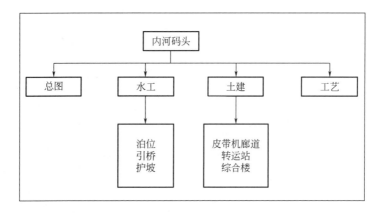

图 11-1-23 码头工程结构划分

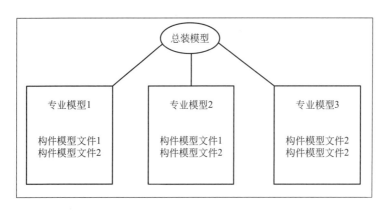

图 11-1-24 模型装配层级关系图

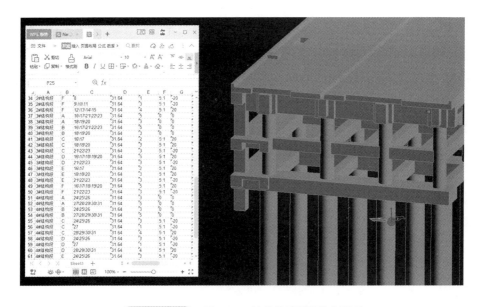

图 11-1-25 基于 BIM 技术的系船柱信息模型

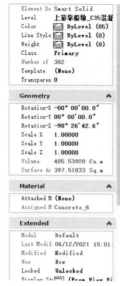

图 11-1-26　基于 BIM 模型的工程量统计

11.2　水利水电专项应用

11.2.1　设计方案优化

◎**工作难点1**：*河道整治工程岸线走向变更。*

解析

　　河道整治工程因线路长、涉及乡镇多，存在征地滞后现象，导致原设计堤防背水面堤脚线超过征地红线，需要重新设计堤防断面。

　　通过 Civil 3D 建立三维地形和模型，如图 11-2-1 所示，使施工人员可直接查看堤背挡墙轴线与征地红线的相对位置关系，缩短了调整方案的决策时间；同时通过提取堤背挡墙路线，确保施工过程中便捷、精确放样，减少人工计算出现的差错。

◎**工作难点2**：*输水、供水工程管道定位情况与现场实际情况不符。*

解析

　　输水、供水工程涉及大量管网施工，对于管网施工形式，有的埋设、有的架

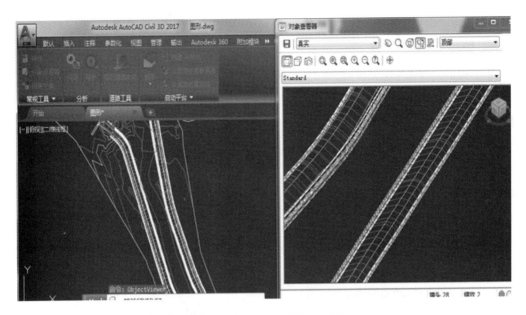

图 11-2-1　通过 Civil 3D 建立三维地形和模型

空、有的穿越河道或公路。对于地形复杂的区域，设计图纸可能与现场实际情况存在较大出入，导致施工中管道的定位和布设难度增大。

通过应用BIM技术，生成现场三维地形模型，如图11-2-2所示，使施工人员可直观地查看现场地形起伏情况，并能够辅助排水管布设，切实做到精准定位，科学施工。

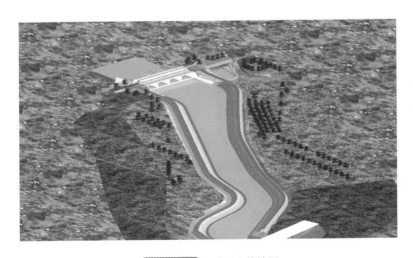

图 11-2-2　现场三维地形

◎**工作难点3：渠道工程溢流侧堰设计复杂。**

解析

对于渠道工程在施工过程中增加溢流侧堰的情况，由于工程规划紧邻征地红线，同时地形地貌极不规则，周边建筑物关系复杂，通过二维平面很难确定溢流侧堰布设的最佳位置。为避免再次征地，且不影响施工进度，则利用3ds Max生成三维模型，如图11-2-3所示。使施工人员可直观查看周边建筑物位置关系，迅速完成溢流侧堰的选址和结构设计工作，且大幅缩短了方案审核时间，加快了施工进度。

图11-2-3　溢流侧堰模型

◎**工作难点4：** 园林景观设计效果方案的确定。

解析

园林景观工程对设计效果要求高，设计方案需向多方征集意见。岛上苗木品种、种植区域及建筑物布置均需要通过详细讨论确定，同时，岛屿整体造型还需要与周边河道岸线协调，既要确保岛屿造型美观，也要保证河道水流通畅。

（1）由于二维设计图纸无法将景观效果直观表述，不同专业的人员对图纸理解有差异，因此会造成审查意见不统一且针对性不高，图纸会审效率低。

为了尽快推动设计方案定审进度，通过引入BIM技术，建立三维渲染模型，如图11-2-4所示。在图纸会审中进行多视角立体展示，使相关人员更直观地理解设计意图，提出有针对性的优化意见。在BIM技术的协助下，图纸会审效率大幅提高，为后续工程施工节省了工期。

图 11-2-4 三维渲染模型

（2）景观设计必须结合四周河道及周边地形地物情况综合考虑，由于二维图纸中仅能表述平面相对位置关系，无法直接显示地形地貌高程信息。

技术人员根据现场实测地形数据，利用Civil 3D建立三维地形模型，将河湖模型和地形模型进行融合，采用Revit建立景观模型，最后用3ds Max将所有模型整合，如图11-2-5所示。这样不仅可以直观地表述三维信息，还可以直接在模型中进行优化调整。

图 11-2-5 周边河道及地形模型

（3）结合三维地形模型信息，辅助苗木、道路、桥梁及建筑物定位，如

图11-2-6所示。在提高审图效率的同时，技术人员可按照模型效果分析施工过程中的重难点，做好技术准备及交底工作，使现场施工人员准确掌握施工内容，降低施工过程中的错漏风险，避免出现返工的情况。

图 11-2-6　苗木、园建模型定位

◎**工作难点5**：*渡槽连接段方案优化。*

解析

　　渡槽与新老建筑进行连接时，连接部位结合面较多，二维图纸难以表示，不利于施工人员理解掌握，可能造成交底困难，给工程施工留下质量隐患。

　　（1）技术人员使用Civil 3D及Revit分别建立各建筑物的三维模型，用3ds Max实现模型结合，对结构交叉处进行细部处理，确保建筑物连接处协调美，如图11-2-7所示。同时，施工人员将施工图纸与三维模型对照参考，更易于理解掌握施工内容。

图 11-2-7　渡槽与堤防连接处处理

（2）渡槽进出口与原有老渠道无法平顺连接时，应在三维模型中采用渐变、圆弧连接等手段进行处理，如图11-2-8、图11-2-9所示，并及时反馈至设计单位进行相关调整，避免施工现场变更渠道走向造成的工期延误及成本损失。

图 11-2-8　渡槽进口段与老渠道渐变处理

图 11-2-9　渡槽出口段与老渠道圆弧处理

◎**工作难点6：**优化方案的审核审批。

解析

新建挡墙与已建桥墩连接，为避免增加桥墩及桥墩基础的荷载，可采用悬臂梁方式进行连接，且在与桥墩及桥墩基础有接触的部位增加沥青杉板。通过二维图纸，无法直观、快捷呈现结构形式，致使方案审核时间较长。

通过应用BIM技术，模拟施工动画，如图11-2-10所示。可以使各参建单位快速、准确理解方案意图，达成共识，缩短方案审核时间，为加快施工进度创造条件。

图 11-2-10　与桥梁连接段挡墙三维模拟

11.2.2　可视化交底

◎ **工作难点1：** 闸坝连接段扭曲面交底较为复杂。

📚 **解 析**

闸坝上下游连接段建筑物高差较大，无法平顺连接时，可将连接段墙体设计为扭曲面，坡比分两次渐变，如图11-2-11所示。但在对作业班组进行交底时，仅通过二维平面，难以在脑海构建正确图形，同时也增加了施工管理成本，绘制剖面图时也容易出现差错。

通过应用BIM技术，构建三维模型进行可视化技术交底，确保了工程质量，减少了管理成本。同时利用BIM软件，输出任意方向的剖面图，减少了审

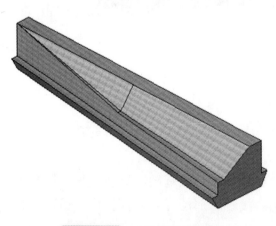

图 11-2-11　扭曲面挡土墙模型

图、校图的时间，加快了施工进度。

◎**工作难点2**：**水电站地下厂房洞室群技术交底。**

解析

水电站地下厂房洞室群空间位置交叉交错，建筑物结构复杂，顺水流方向自上而下分部布置有进水管、主副厂房、尾水洞、尾水调压室、尾水岔管及尾水隧洞。尾水岔管截面形状、管顶高程、岔管宽度均存在变化，施工极为复杂。传统的技术交底对地下厂房洞室群各部位空间分布及连通关系难以准确描述，难免存在因为对图纸认知不全导致后期返工的隐患。针对尾水岔管多截面变形的情况，传统的交底隐患更大。

采用BIM技术进行三维可视化交底，既能准确体现厂房各组成部分的空间位置关系，又能生动模拟尾水岔管截面渐变的过程，如图11-2-12所示，可大幅提高交底的效率，提高洞室施工质量，减少后期返工返修的情况，节约成本。

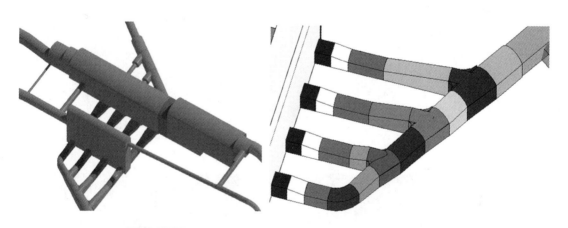

图 11-2-12　地下厂房各建筑物空间分布及尾水岔管渐变段交底

◎**工作难点3**：**渡槽槽墩钢筋制作安装复杂。**

解析

施工过程中采用BIM技术制作的模型进行施工技术交底，使交底过程直观高效。利用钢筋模型对钢筋安装复杂的槽墩、槽身部位进行施工模拟，如图11-2-13、图11-2-14所示。现场技术人员及施工人员能够更快速、更准确地掌握施工要点，以及较为复杂的钢筋制作安装流程，同时施工中能及时查找获取相关信息，在确保施工进度的同时，可以有效保障施工质量。

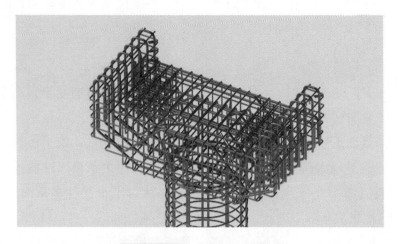

图 11-2-13　槽墩帽梁钢筋模型

图 11-2-14　盖梁施工过程模拟

◎**工作难点4：**水库大坝施工技术交底。

解析

水库大坝构筑物类别较多，施工交底时仅通过二维图纸和文字难以准确描述各个建筑物的空间位置关系，致使实际施工中出现错误、返工等情况，贻误施工进度，增加施工成本。

通过引入BIM三维可视化技术，利用Revit、3ds Max等软件建立三维模型，如图11-2-15所示，准确地呈现各个附属建筑物的位置关系，以此为基础进行技术交底，施工中可随时跟踪检查，提前避免可能出现的定位偏差和错项、漏项。

图 11-2-15　大坝三维模型

其次，对于结构连接部位还可以采用三维剖切技术，如图11-2-16所示，突出不同结构间的工艺关系，确定科学合理的施工工序，指导工程施工，保证工程质量。

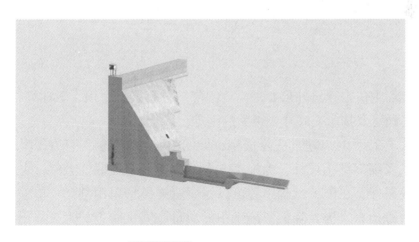

图 11-2-16　三维剖切技术交底

◎**工作难点5：** 水系景观布置复杂，传统交底方式无法直观呈现效果。

解析

　　水系景观建设中，建筑物布置合理与否直接影响设计效果。针对建筑物位置的排布，参建各方经过多轮研讨、反复推敲，形成初步设计方案，BIM技术人员按照设计方案建立三维模型，将文字或平面表达的内容以更直观的方式呈现，使景观效果一目了然，如图11-2-17所示。

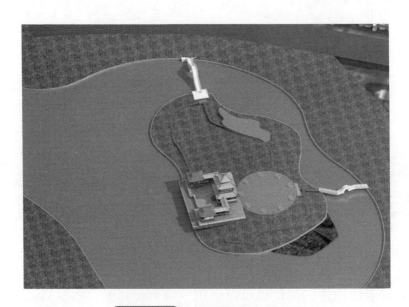

图 11-2-17　水系景观效果三维模型

◎**工作难点6：** 景观仿古建筑结构复杂，交底难度较大。

解析

　　景观工程中仿古建筑外形要求高，细部工艺复杂，屋顶、廊柱等异型结构多，给施工方案确定及技术交底造成极大的困难。

　　技术人员采用Revit建立三维模型，如图11-2-18所示，可直观呈现建筑物不同结构关系及细部结构尺寸，为施工方案的确定创造良好的条件，也使施工交底效率高、效果好。在施工过程中还可以对照三维模型采用剖切、单独显示等技术手段进行跟踪检查，极大降低了施工中的质量、安全隐患，为工程顺利实施保驾护航。

图 11-2-18　仿古建筑三维模型

11.2.3　施工场地布置设计

◎**工作难点1：** 工程施工场地布置合理与否直接影响主体工程施工进度。

解析

　　以往场地布置主要采用CAD绘制现场平面图，在进行方案设计时往往只考虑临时设施的平面位置，难以结合地形高程进行设计，极易造成临时设施变更。

　　技术人员可借助Civil 3D及3ds Max在施工前建立现场三维模型，按照三维模型进行场地布置，以保证各临时设施及导流方案合理、有效，如图11-2-19、图11-2-20所示。

图 11-2-19　闸坝工程施工场地布置

图 11-2-20　溢流坝施工场地布置

◎**工作难点2**：山区水库大坝工程施工场地布置设计。

解析

　　山区地形复杂，仅通过平面布置图纸难以准确掌握地形信息。施工临建设施特别是临时道路布置往往与实际情况偏差较大，施工中需要根据现场实际地形进行大量调整，严重影响工程施工进度，并且，现场调整随意性较大，极可能导致方案调整后背离设计意图，出现返工的情况。

　　在现场施工实测地形数据后，利用Civil 3D导入地形测量数据并结合地图等高线等数据，生成可视化三维地形，如图11-2-21所示。

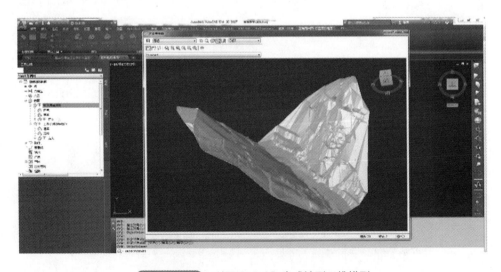

图 11-2-21　利用 Civil 3D 生成地形三维模型

生成三维地形后再进行临建设施方案设计，依据三维模型布置混凝土生产系统、加工场区、物料上坝运输线路，如图11-2-22所示。这样不仅贴合实际地形，而且可以提前对不合理部位进行调整，确保设施布置准确，减少调整工作量，加快工程施工进度。

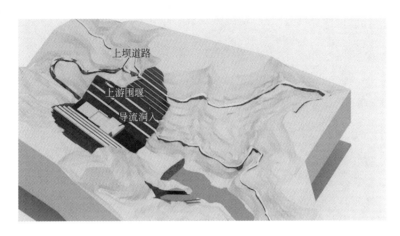

图 11-2-22　现场施工导流及道路布置

11.2.4　施工方案设计优化

◎ **工作难点：** 闸坝主体结构施工方案设计。

解析

应用Revit建立闸坝主体结构模型，对不同结构进行详细分类，按工序对模型进行拼装。运用数字化模拟仿真，采用3ds Max制作工程施工动画，对施工过程进行动态模拟，如图11-2-23、图11-2-24所示。以此为基础，编制精确的施工进度

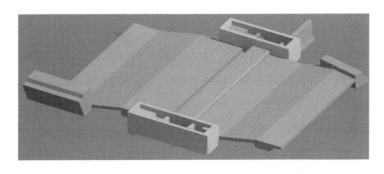

图 11-2-23　闸坝主体施工过程及施工顺序模拟

及人员设备使用计划，采用"底板跳仓浇筑，左右岸同步施工"的方案，制定有效的施工组织措施，控制施工成本及工期，达到为工程建设提速增效的目的。同时，利用计算机、手机在项目部及现场播放施工动态视频，进行技术交底，保证所有技术员和现场作业班组直观了解工程施工情况，以指导现场施工。

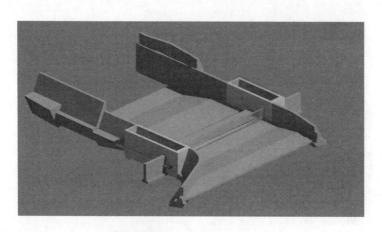

图 11-2-24　闸坝主体结构模型

11.2.5　施工过程模拟

◎**工作难点1**：复杂地下环境下，顶管施工可视化与精度控制。

解 析

隧洞与涵管工程中的地下顶管施工属于非开挖技术，其作业面位于地下，环境隐蔽复杂。传统施工依赖图纸和经验进行流程规划与质量控制，难以直观展现设备状态、管节位置、土层相互作用以及顶进方向等重要动态信息。特别是在复杂地质条件和曲线顶管时，精确控制施工进度与质量面临较大挑战。

利用BIM技术构建详细的隧洞、涵管以及顶管设备的三维模型，对地下顶管施工全过程进行精细化模拟（图11-2-25）。

清晰展示关键步骤：模型可动态展示从施工井设备安装、顶管机头启动及入洞、管节顶进安装，到最终贯通等核心环节，有效反映各阶段的工作状态。

设备与工况可视化：模型可清晰标识主顶站、基坑支护、管道、注浆系统等关键设备，并模拟其在特定工况（如不同顶力、注浆压力）下的工作状态。

提升计划与精度控制：通过模拟，可以优化顶进速度、顶力控制、注浆参数等关键施工参数，预先发现潜在干扰（如偏差、地面沉降风险），提高施工计划的精确性和现场执行的可控性。

动态调整与优化：若施工中遇突发地质变化或设备故障，项目部可基于模型进行动态调整推演，快速评估不同应对方案的效果，优化施工步骤和安全措施。

因此，地下顶管施工的 BIM 过程模拟对保障施工质量、提升效率、降低风险具有至关重要的指导意义。

扫码查看
彩图

图 11-2-25　隧洞与涵管工程地下顶管施工过程模拟

◎**工作难点2：** 水库大坝施工过程动态模拟。

📑 **解析**

大坝混凝土填筑工序繁杂、施工负荷大、工期要求紧，能否按时完工，与施工进度计划执行情况密切相关。以往技术人员只能通过平面设计图纸估算已完成工程量，不同技术人员对工程施工进度编制考虑的重点有所差异，导致施工进度计划很难准确贴合大坝实际填筑进度，施工中需要不断进行变动，最终往往出现进度目标与实际工期偏差较大，工程难以按时完工的情况。

引入BIM技术建立三维模型，运用施工动态模拟技术，对大坝填筑上升过程进行动态模拟，如图11-2-26所示，不仅能够准确获得工程施工过程中每个阶段的具体工程量，同时可将该阶段施工现场与周边地形位置关系清晰呈现，使施工进度计划的编制更为便捷、准确、有效，为科学制定施工计划提供保障，大幅提高工程按期完工的概率。

图 11-2-26 施工过程动态模拟

11.2.6 工程量计算与统计

◎**工作难点1：** 传统工程量计算方式精度不高、效率较低，且易出错。

解析

按照相关规范要求，水利工程中工程量采用断面法进行计算，而传统技术手段下，项目部技术人员只能采用CAD及CASS生成断面，然后采用手工计算的方法逐个计算断面面积，在Excel中编制计算书，逐个填入断面数据，计算工程量结果。实际操作中，由于断面数量多，手工测量面积及数据录入过程中极易出现错误，造成工程量计算出错。并且，工程量校核时，校核人员还需要再次重复进行上述工作，计算效率极低。

通过引入BIM技术，利用Civil 3D建立河道三维模型，软件可以自动按照断面法对工程量进行计算，如图11-2-27、图11-2-28所示，技术人员只需要检查一个原始断面的准确性即可确定工程量计算是否正确。这解决了逐个断面校核、逐个数据录入的问题，减少了计量工作耗费的时间，避免工程量计算出现错误，大幅提高了工作效率。

◎**工作难点2：** 工程量核算、统计工作繁杂，需两人为一组分别进行。

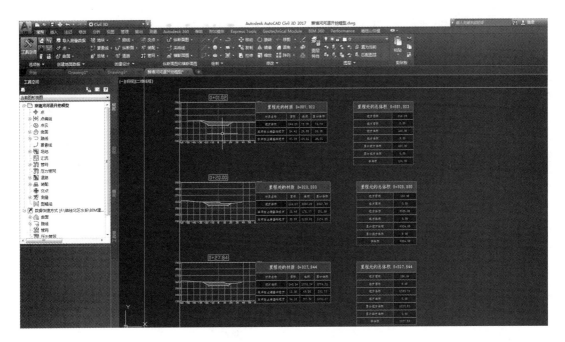

图 11-2-27　Civil 3D 自动工程量计算

项目：F:\临桂北区水系\BIM建模\蔡塘河段及秧塘支渠南侧水域\蔡塘河河道开挖模型.dwg
路线：陆家坝至铁卢坝河道中心线
采样线编组：陆家坝至铁卢坝河道
起点桩号：0+000.247
终点桩号：0+598.249

桩号	挖方面积（平方米）	挖方体积（立方米）	可重复使用的体积（立方米）	填方面积（平方米）	填方体积（立方米）	累计挖方体积（立方米）	累计可重复使用的体积（立方米）	累计填方体积（立方米）	累计净体积（立方米）
0+000.247	118.38	0.00	0.00	0.00	0.00	0.00	0.00	0.00	0.00
0+020.000	113.25	2287.64	2287.64	0.00	0.00	2287.64	2287.64	0.00	2287.64
0+040.000	96.72	2096.09	2096.09	0.00	0.00	4383.73	4383.73	0.00	4383.73
0+060.000	83.91	1780.79	1780.79	0.00	0.00	6164.51	6164.51	0.00	6164.51
0+080.000	93.31	1800.84	1800.84	0.00	0.00	7965.35	7965.35	0.00	7965.35
0+100.000	98.19	1951.84	1951.84	0.00	0.00	9917.19	9917.19	0.00	9917.19
0+120.000	91.86	1900.54	1900.54	0.00	0.00	11817.73	11817.73	0.00	11817.73
0+140.000	98.07	1899.33	1899.33	0.00	0.00	13717.06	13717.06	0.00	13717.06
0+160.000	100.56	1986.35	1986.35	0.00	0.00	15703.41	15703.41	0.00	15703.41
0+180.000	102.35	2032.85	2032.85	0.00	0.00	17736.26	17736.26	0.00	17736.26

图 11-2-28　Civil 3D 生成体积报告

解析

水利工程工程量计算往往采用Office系列软件人工计算工程量，对于异型结构较多，对于钢筋图纸复杂的建筑物，人工计算纰漏多，计算结果的校核、统计工作需要花费大量的人力及时间。应用BIM技术后，通过软件自身提供的工程量计算结果与人工计算结果进行比对，可以大幅提高工程量核算、统计的效率，如图11-2-29所示。

A	B	C	D	E	F
族	体积	结构材质	面积	检测报告	类型标记
3#闸墩	135.23 m³	混凝土，现场浇注 - C25	21 m²	1201007JTY036、1201007JTY037	左闸室
1#闸墩	135.23 m³	混凝土，现场浇注 - C25	21 m²	1201007JTY036	右闸室
河道上游左岸翼墙	229.84 m³	混凝土，现场浇注 - C25	15 m²	1201007JTY044、1201007JTY045	河道上游左岸翼墙
右岸上游翼墙	229.84 m³	混凝土，现场浇注 - C25	15 m²	1201007JTY046	右岸上游翼墙
左闸室下游连接墙	38.56 m³	混凝土，现场浇注 - C25	39 m²	1201007JTY020、1201007JTY021	左闸室下游连接墙
左边墩1#墙	108.57 m³	混凝土，现场浇注 - C25	26 m²	1201007JTY020、1201007JTY021	左边墩1#墙
左边墩2#墙	138.01 m³	混凝土，现场浇注 - C25	25 m²	1201007JTY020、1201007JTY021	左边墩2#墙
左边墩斜坡段	1.17 m³	混凝土，现场浇注 - C25	1 m²	1201007JTY020、1201007JTY021	左边墩斜坡段
右闸室下游连接段	38.56 m³	混凝土，现场浇注 - C25	39 m²	1201007JTY022、1201007JTY024	右闸室下游连接段
右岸边墩1#	108.57 m³	混凝土，现场浇注 - C25	26 m²	1201007JTY022、1201007JTY024	右岸边墩1#
左边墩3#墙	200.94 m³	混凝土，现场浇注 - C25	23 m²	1201007JTY020、1201007JTY021	左边墩3#墙
左岸下游翼墙1#墙	90.64 m³	混凝土，现场浇注 - C25	24 m²	1201007JTY040、1201007JTY041	左岸下游翼墙1#墙
右边墩2#墙	138.01 m³	混凝土，现场浇注 - C25	25 m²	1201007JTY022、1201007JTY024	右边墩2#墙
右边墩3#墙	200.94 m³	混凝土，现场浇注 - C25	23 m²	1201007JTY022、1201007JTY024	右边墩3#墙
右岸下游翼墙1#墙	90.64 m³	混凝土，现场浇注 - C25	24 m²	1201007JTY047	右岸下游翼墙1#墙
左岸下游翼墙2#墙	40.73 m³	混凝土，现场浇注 - C25	17 m²	1201007JTY040、1201007JTY041	左岸下游翼墙2#墙
左岸下游翼墙3#墙	29.65 m³	混凝土，现场浇注 - C25	10 m²	1201007JTY040、1201007JTY041	左岸下游翼墙3#墙
左岸渐变段0-10	82.49 m³	混凝土，现场浇注 - C25	62 m²	0412-TY2015-0488	左岸渐变段0-10
左岸渐变段10-20	93.90 m³	混凝土，现场浇注 - C25	50 m²	0412-TY2015-0488	左岸渐变段10-20
右岸下游翼墙2#墙	40.73 m³	混凝土，现场浇注 - C25	17 m²	1201007JTY047	右岸下游翼墙2#墙
右岸下游翼墙3#墙	29.65 m³	混凝土，现场浇注 - C25	10 m²	1201007JTY047	右岸下游翼墙3#墙
右岸渐变段0-10	82.49 m³	混凝土，现场浇注 - C25	62 m²	0412-TY2015-0466	右岸渐变段0-10
右岸渐变段10-20	93.90 m³	混凝土，现场浇注 - C25	50 m²	0412-TY2015-0466	右岸渐变段10-20
左岸交通桥下斜坡段	1.79 m³	混凝土，现场浇注 - C25	2 m²	1201007JTY040、1201007JTY041	左岸交通桥下斜坡段
右边墩斜坡段	1.17 m³	混凝土，现场浇注 - C25	1 m²	1201007JTY022、1201007JTY024	右边墩斜坡段
右交通桥下游斜坡段	1.79 m³	混凝土，现场浇注 - C25	2 m²	1201007JTY047	右交通桥下游斜坡段

图 11-2-29 采用 Revit 进行工程量提取

创 新 篇

第12章 数字与智能建造技术创新

12.1 数字孪生与智能建造是大势所趋

建筑对象和工业产品对象不同，建筑是典型的单件设计、单件施工的"产品"。即使是类似的两栋建筑，由于其地理位置不同，环境不同，其基础结构方案、施工方案可能也各不相同，其间也会涉及不同的设计、施工、使用、运维单位；所以建筑业需要的数据必须客观、真实，且精确到毫米级。只有数据精准，客观公正，将测量机器人与企业一体化管控平台互联，并与各种施工机器人进行协同工作，才能全面实现智能建造，提高工作效率，解决安全和质量问题，助力企业数字化转型。

智能建造、建筑工业化是发展趋势。将建造工具升级为建筑机器人，用数字孪生实现建筑业信息化与工业化融合，可以辅助建造流程，提升工程质量和安全保障，打造高效、安全的建筑工地。实现数字孪生驱动的城市信息模型将成为历史的必然选择。

2020年7月3日，住房和城乡建设部联合国家发展和改革委员会、科学技术部、工业和信息化部、人力资源和社会保障部、交通运输部、水利部等十三个部门联合印发《住房和城乡建设部等部门关于推动智能建造与建筑工业化协同发展的指导意见》（建市〔2020〕60号）。

指导意见提出以大力发展建筑工业化为载体，以数字化、智能化升级为动力，创新突破相关核心技术，加大智能建造在工程建设各环节应用，形成涵盖科研、设计、生产加工、施工装配、运营等全产业链融合一体的智能建造产业体系。

12.2 数字孪生与智能建造的关系

数字孪生技术为智能建造提供了新的思路，创造了新的工具。通过在虚拟空间中建立数字孪生模型，并仿真模拟物理对象的状态和行为，进行物理空间与虚拟空间的实时交互，实现对建造过程的实时管控，是物理空间与虚拟空间沟通的桥梁。可以解决"信息孤岛"的问题，极大地提高施工效率，降低错误的发生率并提高施工质量，提升建造过程的信息化和智能化程度，推动智能建造的转型升级。

12.2.1 实现建筑物的协同化设计

基于数据线索和数字孪生可以构建各种智能建筑和智慧建造应用场景。在智能建造的设计阶段，将建筑物的孪生模型融合虚拟现实技术，以及时预测和规避设计的不合理之处，实现建筑物的协同化设计，可提高设计精度，在施工过程中避免图纸的多次返工、整改，保证施工质量和速度。

12.2.2 实现建筑物的智能运维管理

在智能建造的运维阶段，应用数字孪生理念，由包括虚拟模型数据和设备参数数据在内的各种数据库作为支撑，融合建筑结构和设备，可实现建筑生命周期内的精细化管理和运维。

12.3 数字孪生的基础是数据

数字孪生综合运用感知、计算、建模等信息技术，通过软件定义，对物理空间进行描述、诊断、预测、决策，实现了物理空间与网络空间的交互映射，数字孪生＝数据＋模型＋软件。在数字孪生中，数据是基础，模型是核心，软件是载体。数据作为数字孪生的基础要素，其来源包括两部分，一部分是通过对物理实体对象及其环境采集而得，另一部分是对各类模型仿真后产生的。

12.4 数字孪生三维转换工具——BIM

BIM技术以建筑工程项目的各项相关信息为基础，集成建筑物所有的几何形状、功能和结构信息，建立三维建筑模型，通过数字信息模拟建筑物所具有的真实信息。利用BIM技术建立的模型包含了从方案设计、建造施工到运营管理阶段全生命周期的所有信息，且这些信息却存储在一个模型中。BIM技术的应用可以使建筑项目的所有参与方在从建筑规划设计、建造施工到运行维护的整个生命周期内，都能够在三维可视化模型中操作信息和在信息中操作模型，进行协同工作，从根本上改变依靠符号文字形式表达的蓝图进行项目建设和运营管理的工作方式，实现在建筑项目全生命周期内提高工作效率和质量、降低资源消耗、减少错误和风险的目标。

BIM关键技术主要包括以下三点。

（1）BIM模型文件转换化简。

（2）基于Web的BIM模型加载渲染。

（3）BIM逆向建模。

基于BIM模型的知识成果转化案例如下。

（1）项目名称：《创精品工程经典案例图集》BIM知识数据库。

（2）成果介绍

《建筑工程数字建造经典工艺指南》由中国建筑业协会组织行业内重点企业、资深专家共同编写，对建筑从质量要求、工艺流程、精品要点等全过程进行了梳理，并针对性进行配图，图文并茂，可读性好，说明性强，充分展示了数字建造经典工艺成果。成果汇编成图集三册，共分为五个部分：地基基础、主体结构、屋面外檐、室内装修及机电安装（地上部位）、室内装修及机电安装（地下部位），编制完成共1289页。以部位为导向，罗列精品工程经典案例318项，包含地基与基础、主体结构、屋面、装饰装修、机电安装等十大部分内容。从精品工程的整体构造布局到各细部节点做法，均进行图解描述，让使用者能更直观地理解各项做法。图集涵盖内容如图12-4-1所示。

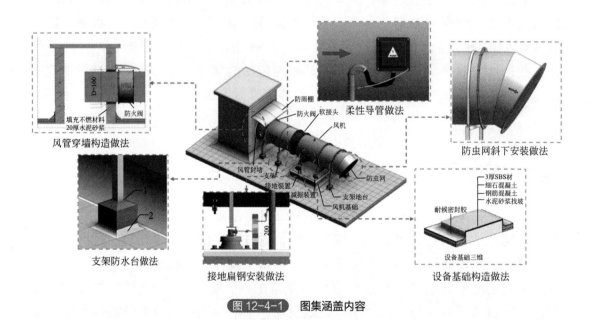

图 12-4-1　图集涵盖内容

根据图集内容，对关键技术节点建立BIM节点模型482个，模型数据共5.4G。

1）创优BIM模型可按照线框透明、真实材质、材质渲染等多种模式导出。模型渲染形式如图12-4-2所示。

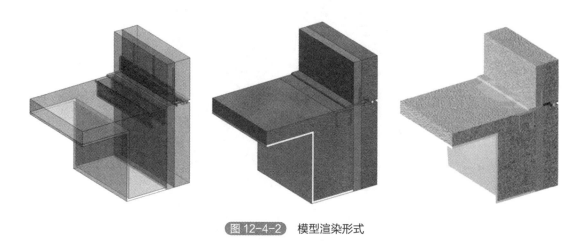

图 12-4-2　模型渲染形式

2）创优BIM模型可导出平面图、立面图、剖面图、轴测图、节点大样图等。

3）创优BIM模型中有传统大样标注，包含分层做法、统一材质名称、颜色等信息参数，材质界面清晰。工艺分解图示如图12-4-3所示。

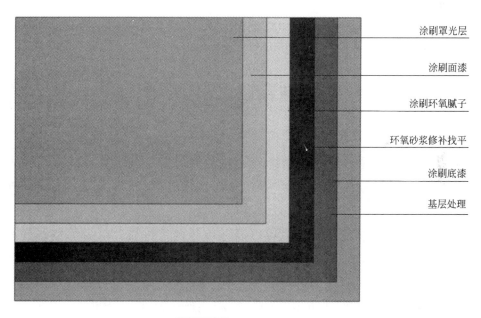

涂刷罩光层

涂刷面漆

涂刷环氧腻子

环氧砂浆修补找平

涂刷底漆

基层处理

图 12-4-3　工艺分解图示

4）创优BIM模型构造图可在模型上对尺寸要求、间距要求等进行标注，并可进行参数化调整，如图12-4-4所示。

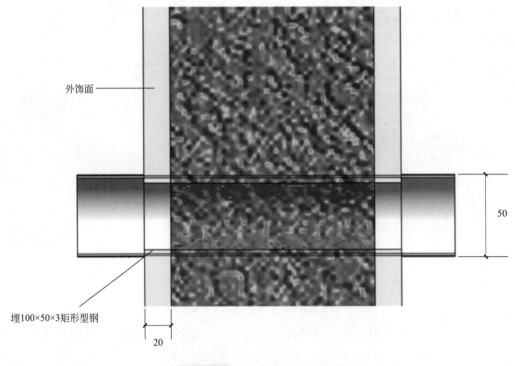

外饰面

50

埋100×50×3矩形型钢

20

图 12-4-4　BIM 模型参数化调整

12.5　智能建造技术构想与应用实践

　　智能建造是指利用现代技术和工具来优化建造过程，达到提高效率、降低成本和提高质量的建造方式，它涵盖从规划、设计到施工和维护的整个建造过程。智能建造在建筑行业中可以发挥以下几个方面的作用。

　　（1）提高建筑效率和质量：智能建造可以通过数字技术和自动化工具来精细化建造过程。例如，使用BIM技术可以在设计阶段发现和解决问题，提高施工效率和减少错误。

　　（2）降低建造成本：智能建造可以通过优化建造过程，减少浪费和提高效率来降低建造成本。例如，使用机器人和3D打印等技术可以降低材料和人工成本。

　　（3）提供更好的安全性和可持续性：智能建造可以提供更好的安全性和可持续性，例如，通过预测和预防潜在的危险和问题，减少安全事故的发生。同时，智能建造还可以通过减少资源损耗和降低碳排放，提高建筑的可持续性。

　　（4）改善建筑生态系统：智能建造可以改善建筑行业的整体生态系统，例如，通过数字化协作和合作，改善工人的劳动条件，减少浪费和污染，提高建筑品质和可持续性，以及增强行业的创新能力，提高企业竞争力。

12.5.1　总体思路

基于"BIM+物联网（IoT）"技术的建筑数字化交付与智能运维系统研究与开发，以优化底层数据为基础，以十大关键技术为核心，以功能应用为重点，实现信息综合、智能运维，推动建筑产业数字化、可持续发展。

（1）研究一套标准化的"BIM+IoT"运维体系。

以集约管理、节能减排及可持续发展为目的，基于BIM、IoT技术在运维阶段的应用，从BIM模型数字化交付、BIM结构性数据和异构性数据标准化、BIM模型轻量化、BIM模型与实体数据孪生、数据接口网关标准化、系统维保、故障预警与系统联动等方面展开研究，自主研发建筑构配件结构化六级编码、空间编码、设备监控项编码、维保项编码共计四套编码体系以及270种维保方案、257种数据监测、75项联动控制、101种监测预警逻辑，最终形成一套完整的适用于各类功能性建筑的"BIM+IoT"运维标准体系。

（2）形成基于"BIM+IoT"的建筑智能运维十项关键技术。

基于数据交换标准（IFC）重力流的构件六级编码标准、非几何信息结构化与集成数据库系统、正向建模自动编码与逆向筛查映射编码关键技术、监测数据预警配置关键技术、八大功能模块的柔性分层配置及逻辑预设技术、运维系统监控项适应性与可扩展性配置系统、弱电子系统协议监控项关键字段信息识别与相关模型编码映射、定期维保联动机制预设关键技术、跨系统联动逻辑预设关键技术、基于OPC标准的多协议物联网关开发关键技术。

（3）搭建一个标准化、可配置、适配性强的数字化交付与智能运维平台。

以标准化BIM运维体系为基础，以四项关键技术为支撑，打造基于"BIM+IoT"的数字化交付与智能运维平台，通过标准数据物联网关采集前端物联网应用设备的实时数据、云端服务器进行数据分析、归类与集成，通过BIM模型进行联动展示，实现8大功能、437项功能点、257种数据监测、101项预警逻辑、79项联动控制。为建筑运维创值增效。

12.5.2　技术方案与创新成果

（1）基于IFC重力流的构件六级编码标准

湖南建设投资集团有限责任公司（简称湖南建设）于2018年10月完成对《数字化交付编码标准》的研究，在采用IFC重力流原则对建筑构件进行分类编码的同时，充分利用面分类法的优势，与Revit的分类规则有机结合，编制了一套适用于建筑交付及运维，并支持Revit自动编码的数字化交付六级编码体系，六级编码划分形式如表12-5-1所示。

数字化交付六级编码体系表　　　　　　　　　　　　表 12-5-1

一级	专业编码	通风空调 NT					根据工程分部分项分类对各领域进行划分	领域层
二级	子专业编码	空调风系统 KTF	送、排风系统 SPF	空调水 KTS			对各领域的基本元素组成模块进行划分	核心层
三级	族类别编码	空调机组 KTJZ	风机盘管 FJPG	风机 FJ	风管 FG	消声器 XSQ ……	对元素模块下基本类别进行划分	交互层
四级	族编码	组合式空调机组 ZHSTK	新风机组 XFJZ	多联机 DLJ	恒温恒湿空调机组 HWHSK ……			
五级	族类型编码	4000m³/h 4000CMH	5000m³/h 5000CMH	7000m³/h 7000CMH	12000m³/h 12000CMH	20000m³/h…… 20000CMH……	对模型构件进行参数划分	资源层
六级	实例编码	新风机组 -4000CMH 0001	新风机组 -4000CMH 0002		新风机组 -4000CMH 0003	新风机组 -4000CMH 0004 ……		

　　参照 IFC 重力流原则结合 Revit 分类对 BIM 模型构件进行六级编码划分。编码的分类结构按照专业、系统进行编码分类。其结构为"专业-子专业"，使所有构件均能清楚归类。

　　构件采用 Revit 分类的原则，按照"族类别-族-族类型"分类，使所有构件适用于 Revit 自动编码。鉴于同一类构件在建筑工程中存在重复出现的情况，增加"实例编码"进行区分。

　　构件编码分为专业、自专业、族类别、族、族类型及实例 6 组，各组编码相互独立，同时，各组之间利用 IFC 标准及线性分类原则，约束各组之间的从属关系，各级之间采用"-"串联，形成的编码如下所示：【专业编码】-【子专业编码】-【族类别编码】-【族编码】-【族类型编码】-【实例编码】。

　　数字化交付与智能运维平台以上述编码体系为基础，对 1 125 类实体构件进行了编码，此外，该编码体系还对非实体类信息进行了覆盖，如 893 类维保方案。

　　（2）非几何信息结构化与集成数据库系统

　　1）非几何数据结构化

　　湖南建投研发的非几何信息结构化及集成数据库系统为项目运维平台提供了数据基础，并将构件基础信息分为 3 类，即源于设备生产、安装、采购的构件非几何信息，基于设备运行标准的设备技术参数，以及基于设备运行维护需求的运维保养非几何信息。这 3 类信息存储于数据库时，会将主数据编码信息一起存入，当进行基础信息调用时，即可直接调用。

　　2）集成数据库系统研发

　　集成数据库主要功能可分为三大部分：一是项目主数据编码的修改、新增及删除；二是项目构件非几何数据、运维保养非几何数据及技术参数的柔性化配置；三是数据同步至Revit编码插件及数字化交付智能运维平台。

3）集成数据库非几何信息与模型联动

湖南建投BIM中心建立了集成数据库，数据库中构件非几何数据表、技术参数表、运维保养数据表中加入了相应的主数据编码，BIM模型中主数据编码与数据表中主数据编码相互关联，需要查询设备信息时，只需检索相应的BIM模型构件，即可提取设备信息数据。同时也大幅减少了BIM模型数据量，加快了BIM模型加载速度。

（3）正向建模自动编码与逆向筛查映射编码关键技术

数字化交付与智能运维平台的BIM模型编码一般可分为正向建模编码及逆向映射编码。正向建模编码即在新建项目模型的同时同步编码，逆向映射编码即对已有项目模型分类筛查映射编码。研究人员使用Revit API二次开发技术和SQLite数据库技术，完成了BIM构件编码体系的自动建立，数字化交付自动编码系统针对最终用户设计的功能模块如图12-5-1所示。

图 12-5-1　数字化交付自动编码系统功能模块图

逆向筛查映射模块：适用于项目已有BIM模型，但未转换为数字化交付运维BIM模型的工作场景。

正向建模自动编码模块：插件内嵌正向编码规则，设有退出正向编码、上传至BIMface、BIMface文件管理、导出主数据编码的功能。

规则管理模块：维护主数据编码，对主数据编码进行更新、修改等工作，并将主数据编码上传至云数据库，可设置、编辑、更新、修改正向编码规则，并生成记忆，记录所有相关操作，避免重复操作。

数据库管理模块：配置项目主数据编码，配置项目构件非几何数据、运维保养非几何数据、技术参数。

（4）监测数据预警配置关键技术

在设备故障预警功能模块中主要采用预测性维护，集成海量设备运行数据，并与设备额定参数进行比对。

在平台数字化交付功能模块中，将设备预警逻辑进行内嵌，提取设备运行额定参数及运行实时数据，并根据厂家提供的设备使用说明进行运行参数允许浮动范围设置。

平台利用大数据分析技术（APR技术），根据设备运行的历史数据，通过对比实时运行数据和设备模型的差异及相关的阈值设定，进行报警。

（5）运维系统监控项自适应与可扩展式配置系统关键技术

1）研究基于BIM的监控项自适应模块

监控项自适应是指系统在运行过程中，通过对比监控项数据库与项目BIM模型主数据编码，感知项目含监控项BIM模型，同时感知软硬件环境、现场环境和人为干预情况，并根据感知的数据对比正常的数据，在二者不一致时，对本身结构或行为进行自纠自查，最终对平台使用者（开发工程师）提出异常修改请求。

2）研究基于BIM的监控项可扩展模块

BIM运维系统的适应性以自身体系结构元素为操作对象，通过增加、删除、修改监控项，来达到适应项目实际需求的目的。一般构件的可扩展、修改行为在传统的BIM运维体系结构中是不被考虑的，但是作为一款通用型产品，系统结构和构件的自适应性均需要考虑根据项目配置差别，监控项应可进行修改、增加配置，并选择配置与否。

3）研究监控项数据库自定义切换模块

基于冗余和多样性思维，监控项数据库应事先设计多个容错版本。使BIM运维系统能够在运行时，通过感知软硬件环境、现场环境和人为干预情况，对自身结构和行为进行调整来自定义切换和修正自身缺陷，最终提高软件系统的可信度。

（6）弱电子系统协议监控项关键字段信息识别与BIM模型编码映射关键技术

BIM模型编码是将运维与BIM结合的基础，贯穿整个运维阶段，而IoT硬件是设备运行数据的来源，BIM模型编码与监控项设备编码的映射与否，BIM运维平台是否能够解析IoT硬件反馈的监控数据，直接决定了BIM运维平台的准确性与实用性。通过研究一套协议监控项关键字段识别办法，可实现平台对IoT硬件反馈数据的准确解析，再通过编码映射，将IoT硬件的各种属性映射到平台，从而实现建筑的远程监、管、控。

1）协议监控项关键字段识别技术

IoT设备需要通过网关进行数据采集，采集时，网关会将该设备所能监测的多个参数依次反馈至平台，平台进行数据解析时需要识别反馈数据的关键字段，才能对反馈数据进行分类。为此，数字化平台采取了2种匹配识别方案。

自适应匹配：平台可通过上传监控项关键字段配置表进行自适应识别匹配。通过识别监控项设备主数据编码、监控项，平台可进行自动识别并写入。

手动修改匹配：监控项关键字段配置表由系统开发工程师导入，平台运行时，项目实施工程师若在现场发现数据配置存在误差，与开发工程师沟通修改将增加无谓的沟通成本。系统通过配置手动输入界面，实施工程师可根据数据错误位置对BIM模型进行楼层、空间筛选，以找出对应设备，从而进行点对点修改。

2）BIM模型编码与监控项设备编码快速映射办法

数字化交付与智能运维平台采用数字化交付编码将BIM模型编码与监控项设备编码串联，具体方法分为以下两种。

① 编码映射法

编码映射法是通过解析智能化子系统与BIM模型的编码规则，并通过一定的办法进行转换，再将智能化编码与数字化交互编码直接进行匹配。编码映射法又可以分为以下2种方法。

双重编码自适应匹配法。通常而言，各楼宇智能化子系统厂商均有一套设备编码方案，例如按照楼层、空间、回路、DDC箱等进行分类编码，同时，在数字化交付编码体系中，每个构件均包含楼层、空间、回路、系统等信息，基于此，可将建筑构件按照楼层、空间、回路等拆分成各个细分单元，再在各个细分单元中进行点位匹配，若细分单元中只有唯一构件，则可以直接进行匹配。

标准编码自动映射匹配法。相较于双重编码自适应匹配法更加便捷，主要的解决办法是在楼宇智能化子系统开始调试前，BIM运维单位便介入工程施工，并由BIM运维单位提供各系统点位的数字化编码方案，出具相关施工图，各子系统施工单位按图编码即可。

② 图纸对应法

图纸对应法是由各子系统厂家提供点位标记图纸，经由BIM工程师将点位信息录入BIM模型，由此形成的数字孪生BIM模型可以直接转化为运维模型使用。

通过主数据编码，数字化交付与智能运维平台实现了基础信息、BIM模型与IOT硬件的完美衔接，在平台嵌入机器学习、云计算、大数据分析功能之后，即可真正实现数字化交付与智能运维，带动整个BIM运维行业发展。

（7）八大功能模块柔性分层配置预设技术

随着建筑运维软件的应用需求越来越大，软件功能越来越多，必须对软件功能模块进行分层配置。同时，不同的建筑类型所包含的建筑智能化系统、机电系统类型也千差万别，因此，软件功能的分层配置必须采用柔性化的方式，避免重复开发工作，以节约开发成本。

（8）定期维保联动机制预设关键技术

国内建筑运维主要以智能化集成系统（IBMS）集成+故障维修为主，此类运维管理仅依靠事后处理，运维人员无法做到事前控制以及快速应急响应。同时，针对多个项目实施，传统运维管理缺乏一套标准的、成熟的维保方案及联动控制机制，具有不可复制性。因此，基于数字化交付与智能运维平台，需要研究一套有效的、标准化的维保方案与系统联动预设机制，从而快速提高平台应急响应能力。

基于BIM的维保业务流程穿插大量的信息交互、表单生成、工单推送等功能，平台软件需要通过预置计算公式、读取数据、自动比对、人机交互等方式来完成这些功能。

月度保养计划的用户可以根据不同设备的维护保养特点做调整，但指定人员修改之前需要输入授权密码，同理对于周保养和保养工单生成日期都可以进行相应的调整。

工单详情包括保养时间、设备位置、几何信息、技术参数、备件领取位置、上次保养情况和联络人信息。接单人执行工单内容包括仔细了解设备信息、领取备件、检修保养、在移动端勾选工作内容、更换备件情况、工作时长、备注本次保养特别情况和下次保养时间。管理方确认的工作内容包括检查现场保养的质量和数量、更换备件情况、接单人反馈信息的完整性和准确性。以上操作在移动端确认后系统实时更新数据，并进入下一个保养周期的逻辑运算。

（9）跨系统联动逻辑预设关键技术

这项技术通过研究一套有效的、标准化的系统联动预设机制，使平台应急响应能力快速提高。

1）跨系统设备联动控制的方法

跨系统设备联动通常是由于某个监控点的状态异常，被系统感知，触发联动预案。一旦触发即可切换到联动控制台页面，弹出如报警点三维模型图、视频监控图、关联设备预案执行确认图等。操作人员根据需要执行预案，而BIM数据交付平台统一对各子系统设备下达预案执行命令。

2）跨系统联动场景

消防报警系统联动：在触发消防报警后，平台将强制把监控系统的画面转至火灾发生的现场位置，以便于观察火情大小或者便于管理人员判断是否为系统误报；当发生火情时，会关闭对应楼层的风机盘管和空调新风机组，开启火情区域排烟机组，以防止火情通过该系统扩散蔓延；当发生火情时，开启火情区域/楼层门锁，方便人员逃生；当发生火情时，强制电梯自动下降至地面层，将人员送至安全出口，以防止人员乘坐电梯而出现大的伤亡。

入侵报警系统联动：当出现非法闯入时，视频监控系统的摄像机自动切换到预设位置进行监看，智能照明控制系统可以自动开启摄像机所在区域的灯光，以确保视频画面有足够照度；当触发入侵报警系统时，出入口控制系统自动按照预置程序关闭对应的出入口，关闭后该门只能由安保人员开启。

门禁系统联动：当系统检测到门禁处有人未经授权闯入时，视频监控系统的摄像机自动切换到预设位置进行监看，智能照明控制系统可以自动开启摄像机所在区域的灯光，以确保视频画面有足够照度；当系统检测到门禁处有人授权进入后，照明系统可开启对应区域的公共照明灯具，并可按预置的延时时长进行关闭；当有人通过门禁刷卡系统进入重要区域（如财务室、总经理办公室）时，摄像机画面可自动切换到控制室。

电子巡更系统联动：巡更期间，在巡更人员巡查至巡更站点处时，可联动摄像机拍摄现场巡检状况。

3）联动预案动态可编辑的方法

利用图像工具手动批量匹配：按楼层依次导入需要关联的系统模型，并设定主、被关联系统，通过在模型图框选关联区域设备，实现联动预案自动生成。

采用空间、距离、历史样板等预设条件进行智能匹配：通过研究人员开发的空间编码或模型距离检索功能，按联动关系自动配置联动预案，快速形成总栋建筑或总个项目的联动方案。

通过对系统长时间的使用与对经验的总结，可以形成丰富的预案样品库。在样品库调用联动预案，能快速、准确地完成整个项目联动预案的匹配。

（10）基于OPC标准的多协议物联网关开发的关键技术

针对各子系统数据结构差异性问题，通过标准化的数据网关，将不同数据接口协议转换成统一的格式供系统调用，实现通过平台与各现场设备的数据交互。本项目基于OPC技术开发兼容多系统、多协议的物联网关，打破各系统信息壁垒，实现数据共享。

标准化物联网关的研究重点在于OPC服务器标准接口开发、OPC服务器协议解析组件群开发、OPC客户端浏览服务器功能实现、OPC客户端数据读写功能实现、数据传输应用优化。

OPC服务器设计：OPC服务器设计的关键在于特定硬件设备通信接口的实现和对所读取到的数据进行OPC的封装。特定的硬件设备有其自身的数据采集方式和现场通信协议，因此服务器中硬件通信接口的实现需要调用硬件设备和通信协议编写的I/O DLL（输入输出动态链接库）。

标准接口开发：使用动态链接库开发OPC数据访问服务器时，该动态链接库提供了一些把定制数据集成到OPC服务器的易于使用的API函数。通过调用这些API函数可以实现OPC服务器的注册、注销，实现OPC标准接口。

协议解析组件开发：针对硬件的协议解析组件，可以实现对设备硬件接口数据进行读写操作，读到的数据信息经OPC接口封装后，被OPC客户端访问。目前共实现了17类子系统的集成接入，46类标准协议组件开发（含子协议），300多种不同厂商设备的无障碍接入。研究人员通过 VC、VB 和 Delphi 技术对 API（SDK）接口进行了封装，保证了这些方式各异、平台独立的接口标准化，项目综合应用了 Socket 通信技术和 JNI（Java Native Interface）技术，在数据通信层对各接口进行对象封装，并将其转化成 OPC Server 标准接口形式，供上层调用。

专业维保方案及联动控制逻辑预设：依据国家标准规范、产品手册等，对建筑运维管理标准化的业务流程和关键要素进行预设，增强事前控制能力，提高平台的适用性和通配性。

平台内置 270 种维保方案、57 类联动控制方案、144 种预警逻辑，实现了业务流程的标准化。

12.5.3 实施效果

数字化交付与智能运维平台历经三年研发与推广应用，成效显著。目前涉及数字化交付与智能运维平台的已签订合同数达 20 个，用于酒店、场馆、博物馆、园区、高铁站等不同功能型建筑。具体实施效果如下。

（1）首创"BIM+IoT"运维标准体系，BIM 应用效果十分显著。

数字化交付与智能运维平台基于 BIM 在运维阶段的应用做了一系列标准体系研究，包括 BIM 模型结构化编码，BIM 结构性数据和异构性数据标准化、BIM 模型轻量化、BIM 模型与现场点位数据孪生等，这些研究在国内外皆属于领先水平。数字化交付与智能运维平台的实施与推广对推动建筑行业产业结构升级，实现建筑行业数字化具有重大的意义。

平台应用建筑信息模型数字化交付轻量化关键技术，解决了超大建筑 BIM 模型数据量大的问题，将 BIM 模型中富含的真实工程数据应用于建筑运维阶段，降低了平台使用人员的技术门槛。平台在运行与展示过程中，模型能够按照实际需要进行加载，保证系统运行的流畅性，保证通过日常使用的笔记本或台式机系统都能够正常运行。通过建立 BIM 模型六级编码与现场点位数字孪生，平台实现了 BIM 模型与 IoT 硬件的点位对应，将 BIM 模型中的构件与现场设施设备相互关联映射，使最终在平台中呈现的模型所展现的内容与现场的实际情况保持基本一致，实现智能化监控。

（2）兼容多系统、多品牌协议，产品适配性极强。

目前平台已兼容 17 个智能化子系统，100 多种数据接口协议，随着项目的不断积累与扩充，将逐渐兼容所有产品。此项技术在行业内属于创新性应用，将促进数据标准化与规范化发展，从而推动建筑行业信息化进程。

同时，数字化交付与智能运维平台利用系统集成后强大的数据支撑，利用预设维保方案以及逻辑控制关系，结合物联网的数据采集、大数据的处理和人工智能的建模分析，实现了对当前建筑的整体把控，对当前状态的评估，对过去发生问题的诊断，以及对未来趋势的预测，并基于分析的结果模拟各种可能性，提供更全面的决策支持。

（3）自主研发基于建筑运维的节能策略，节能效果明显。

平台对各机电设备一体化管控，从多维度进行数据采集与数据处理分析，最大程度保障建筑内设备在满足日常使用需求的情况下，以较低的能耗运行。通过对各系统能耗的及时控制，大幅缩减建筑物能耗成本，为建筑节能创值增效。

以实际项目案例为依托，通过连续采集酒店、园区、场馆、车站等不同应用场景1个月的能耗数据，重点对照明系统、空调系统、机房工程等能耗较多的系统及建筑整体能耗情况进行分析，对比应用本平台之前的能源情况，具体节电效果如表12-5-2所示。

不同应用场景1个月的能耗数据对比表 表12-5-2

场景	酒店	场馆	车站	园区
智能照明日均节电率	20%	13%	15%	12%
空调系统日均节电率	15%	20%	18%	11%
机房日均节电率	10%	12%	14%	13.5%
建筑整体月均节约能源率	15.8%	13.2%	12.9%	11.5%

由此可以看出，在运用数字化交付与智能运维平台后，节能效果十分显著。

12.5.3.1 创新点

（1）首创BIM模型与实体建筑数字孪生技术

将BIM数字化模型及构件与真实的建筑构件及设备实体联系起来，可以在虚拟的数字化场景中以虚拟现实的方式对真实世界的建筑及设备等进行管理及控制的技术，称为数字孪生技术。

数字化交付与智能运维平台首创了BIM模型与实体建筑数字孪生技术，该技术将静态的BIM模型信息与动态的建筑运行状态信息相互映射，对建筑设备及环境进行完整地监控与呈现，解决了建筑运行过程中建筑空间环境状态及设备运行信息采集的实时性问题，提高了信息处理的高效性与共享性，为建筑运营创值增效。

（2）首个基于云端的、标准化、可配置的运维平台

数字化交付与智能运维平台是首个基于云服务的标准化运维产品，平台以云端轻量化BIM模型为载体，研究多个不同功能性建筑，分析其异同，研发标准化、可配置的功能模块，用户可根据建筑需求选配各模块应用，仅需一键上传模型，

无须重复编程，即可实现不同项目的运维管理。

（3）首创标准化物联网关，无须重新开发接口程序

数字化交付与智能运维平台首创多协议物联网关，将各类不同的协议转换成可直接调用的标准协议，实现建筑内各个应用系统高度集成，并将各智能化子系统的实时数据，通过开放的工业标准接口转换成统一的格式，从而便于进行存储、处理、交互等，实现了运维阶段智能建筑的自动控制与数字化、智能化管理，打破了建筑内的信息孤岛效应，形成协同的智能运维效应，很大程度上保证了设备的运行效率。

（4）高智能化预警和联动控制预设机制

结合建筑物本身的情况，整合消防、安防、电梯、视频监控等专业系统数据信息与联动机制，预设144种预警逻辑，57类联动控制方案，对设备的运行情况进行实时监测与告警，联动BIM模型，实现快速定位设备故障的功能，提高了平台的应急响应能力。

12.5.3.2　保密要点

平台设置信息安全保障体系，为数字化交付与智能运维平台的"IaaS、DaaS、PaaS、SaaS"四层都提供了信息安全保障的设施集成或应用集成服务。各层信息安全保障体系应用如图12-5-2所示。

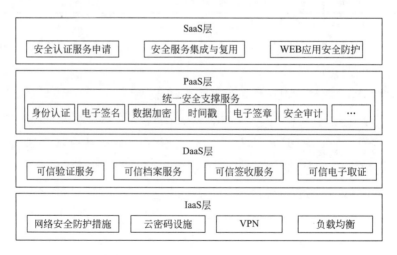

图12-5-2　各层次信息安全保障体系应用

12.5.3.3　与当前国内外同类研究、同类技术的综合比较

基于"BIM+IoT"技术的数字孪生建筑与智能运维体系的研究在国内外都属于业内领先水平，对于全面提升建筑运维服务品质，推动建筑行业转型升级，塑造建筑行业新业态有着不可替代的意义。基于BIM+IoT技术的数字孪生建筑与智能

运维体系的研究先进性如表12-5-3所示。

基于 BIM+IoT 技术的数字孪生建筑与智能运维体系的研究先进性　　表 12-5-3

创新性成果	成果的先进性	国内外同类理论与技术
基于BIM+IoT的底层数据结构化优化方法	首创BIM构件六级编码，规范底层数据，实现了快速检索定位	缺乏相对统一的数据标准，底层数据纷繁芜杂
	首创系统监控项编码，实现末端数据接入标准化	未考虑对末端数据标准化，每次都需要重新开发端口
基于BIM+IoT的数据孪生技术	首创BIM模型与末端设备快速映射关联，节省了大量人工操作	需人工点对点匹配，工作量大，误差大
基于BIM的轻量化加载	首创建筑工程信息分类云存储，数模分离，实现模型轻量化	模型承载数据量十分庞大，对配置要求极高
基于BIM的主动式维保管理	首创维保方案结构化调用模式	依靠人工维护方式，凭经验进行
	首创设备维保定期提醒逻辑算法	依靠人工被动式维护，设备维护不及时
IoT标准化数据网关研究	首创协议指令编码，针对不同的项目无须重复开发数据接口	需针对项目定制开发
基于建筑低能耗的节能模式研究	首创基于建筑运维平台实现节能策略调节	建筑能耗管理依赖传统的能耗管理系统
基于绿建指标与人体热舒适的节能策略研究	首创基于绿建指标与PMV指标实现节能调节	无此类研究
标准化、可配置、模块化的数字化交付与智能运维平台开发	首创适用于各类功能性建筑、功能模块、监控参数根据项目实际情况可灵活选配的运维平台	无法适用于所有建筑类型，需要针对项目定制开发

综上所述，数字化交付与智能运维平台，具备行业领先性，对于优化建筑设备工作模式，实现建筑的节能、绿色和可持续运行，具有巨大的实用价值。

12.5.3.4　应用情况

基于"BIM+IoT"技术的数字孪生建筑与智能运维体系历经三年研发形成的成果——数字化交付与智能运维平台，已在酒店、场馆、博物馆、园区、高铁站等不同功能型建筑中成功应用，效果显著。

12.5.4　应用案例

（1）项目名称：长沙市中南大学新校区体育馆含游泳馆项目。

（2）项目特点：项目游泳馆泳道标高为-3.9m，二层为5.9m，高度达9.8m，需要编制高支模专项方案并经专家论证。利用BIM技术，可以建立支模架模型，进行可视化交底，辅助方案评审。

项目外墙采用玻璃幕墙及石材幕墙，幕墙安装流程复杂，节点防水控制难。

通过建立Revit幕墙深化模型，进行三维可视化交底，可以加强施工人员对幕墙安装流程的理解能力。

项目基坑底标高分别为–4.8m和–7.1m。开挖深度分别为3.6m和5.9m。基坑施工正值多雨季节，有组织排水是施工重点。项目利用BIM技术进行可视化基坑施工交底。

12.5.4.1　BIM技术应用

（1）基于BIM的三维场地布置

在绘制项目三维场地布置前，利用无人机对现场进行扫描，计算出点云模型，为后期建立场布提供准确定位。根据安全文明施工及绿色施工要求建立三维场地模型，如图12-5-3所示，设置塔式起重机喷淋系统与环场喷淋系统，以此指导现场施工。

图 12-5-3　基于 BIM 的三维场地布置

（2）施工可视化交底

工程基坑底标高分别为–4.8m和–7.1m。开挖深度分别为3.6m和5.9m。基坑施工正值多雨季节，同时可能存在北侧人工湖渗水情况。为确保基坑及地下室施工质量与安全，满足降排水要求，在基坑底部设置坡度为千分之三的排水沟以收集雨水并排向四角集水井，安装四台潜水泵，将收集的雨水泵送至顶部截水沟，经沉淀池沉淀后排至市政管网。

项目利用BIM技术制作交底视频，对基坑施工部署及施工需要注意的内容进行展示，这有利于管理人员与工人的理解，使他们提前知晓施工过程中需注意的内容。

项目游泳馆泳道底标高为–3.9m，二层为5.9m，高度达9.8m，需编制高支模专项方案并经专家论证。游泳馆南侧与北侧为斜柱，支模困难，施工难度大。

通过建立游泳馆高支模支撑结构模型及斜柱支模模型，验证支撑系统的合理性，对模型构件进行标注，协助现场进行专项方案论证，并进行可视化交底，这有利于施工人员理解与施工，保证现场高支模工程安全、高效、高质量地实施。

施工可视化交底如图12-5-4和图12-5-5所示。

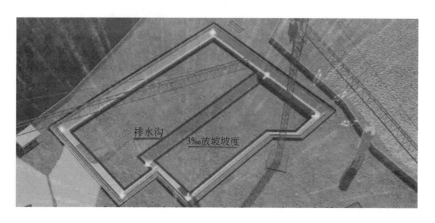

图 12-5-4　施工可视化交底（一）

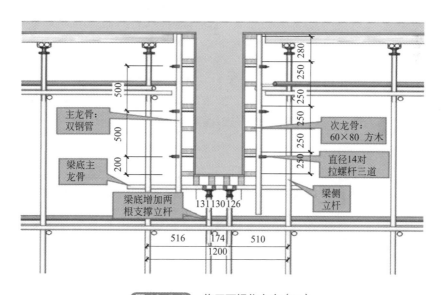

图 12-5-5　施工可视化交底（二）

（3）机电模型优化

通过碰撞检查，发现问题120余处，针对这些问题，逐一与机电部门进行对接，对碰撞管线进行翻弯、变形及等体转换等处理，以达到管线的最优排布效果。

优化完成后导出机电工程安装详图，如图12-5-6所示。详图按平面图、剖面图与三维模型的形式展示，并辅以尺寸标注和类型名称标记，让不同专业之间的管线关系明了，这有利于各专业间施工互相协作，也有利于总包方及业主方对机电安装过程的控制与成果的检验。

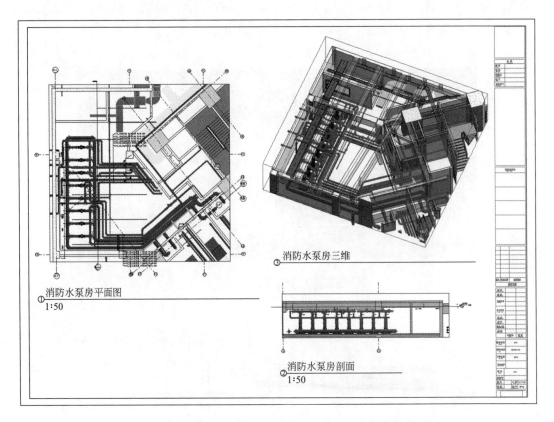

消防水泵房平面图
1:50

消防水泵房三维

消防水泵房剖面
1:50

图 12-5-6　优化完成后导出机电工程安装详图

与分包方联合进行综合支吊架设计，如图12-5-7所示。按规范布置支吊架，导出深化图纸，交付工厂并进行加工制作。制作可视化视频并进行交底，方便现场人员施工。

（4）钢结构深化设计

体育馆与游泳馆主体为框架结构，两馆屋面均为钢结构屋盖，跨度最高达92.1m，屋面造型复杂，采用直立锁边铝镁锰屋面，同时钢结构、钢屋面、外墙玻璃幕墙、水电和通风等专业与土建工程关系密切，各专业需要密切配合。利用Tekla建立钢结构模型，根据设计院图纸对模型中的杆件连接节点、构造、加工和安装工艺细节进行安装和处理。在整体模型建立后，结合工厂制作条件、运输条件，考虑现场拼装、安装方案及土建条件，对每个节点进行装配。连接节点装配完成之后，运用"碰撞校核"功能进行所有细微的碰撞校核，以检查设计人员在建模过程中的误差，自动列出所有结构上存在的碰撞情况，以便设计人员核实更正，通过多次执行，最终消除一切详图设计误差。钢结构深化设计如图12-5-8所示。

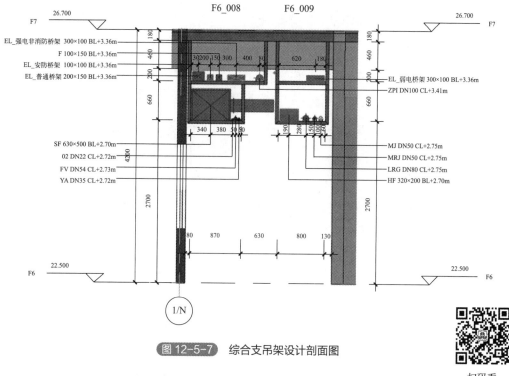

F6_008　　F6_009

EL_强电非消防桥架 300×100 BL+3.36m
F 100×150 BL+3.36m
EL_安防桥架 100×100 BL+3.36m
EL_普通桥架 200×150 BL+3.36m

EL_弱电桥架 300×100 BL+3.36m
ZPI DN100 CL+3.41m

SF 630×500 BL+2.70m
02 DN22 CL+2.72m
FV DN54 CL+2.73m
YA DN35 CL+2.72m

MJ DN50 CL+2.75m
MRJ DN50 CL+2.75m
LRG DN80 CL+2.75m
HF 320×200 BL+2.70m

1/N

图 12-5-7　综合支吊架设计剖面图

扫码看
详图

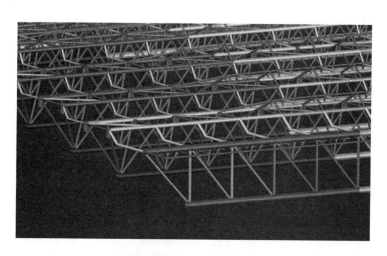

图 12-5-8　钢结构深化设计

（5）幕墙深化设计

本工程外墙采用玻璃幕墙及石材幕墙，幕墙的深化工作量大，节点防水控制难，这是工作的重点。利用Revit建立幕墙工程三维模型，如图12-5-9所示。及时发现土建与幕墙的尺寸偏差，通过修改幕墙模型，重新分割幕墙表皮，对其进行编号，并进行优化设计，以达到满意的视觉效果和安装质量，避免返工浪费，控制成本。

图 12-5-9　利用 Revit 建立幕墙工程三维模型

12.5.4.2　BIM 应用价值

（1）结合原始设计图纸在满足建筑外观、使用功能、结构强度的前提下，对钢结构屋盖、玻璃幕墙、石材幕墙等节点进行二次深化设计，避免钢材损失。

（2）对多种复杂施工工艺进行视频可视化交底，这有利于管理人员与作业人员直观了解施工过程，保证工程更加安全、高效、高质量地完成。

（3）完成所有机电管道深化设计，实现了90%以上数量的工业管道工厂化预制，共节约现场安装费用50余万元。

12.5.4.3　BIM 应用心得

（1）该工程为分公司第一个BIM试点工程，现已培养土建、安装专职BIM人员各一名，通过培训使项目各部门主要负责人掌握了BIM技术基础知识。在建模工作开始之前，针对项目的特点，相关人员确定了目标与工作流程，制定了具体实施方案与建模标准，确保所建立模型的实用性与准确性。

（2）该工程BIM技术主要利用Revit、广联达等软件开展，通过软件建立相应的模型，得到基础数据，并运用到施工现场，进行商务、动画、质安等方面的应用，同时结合云端使用，为整个工作提供了统一管理的平台。

（3）在项目开工之初，利用无人机对现场进行扫描，计算出点云模型，为后期建立场布提供了准确定位，同时随着项目建设的推进，结合现场实际情况，不断更新场布模型。对于土建及安装建模过程中发现的图纸问题，通过出具问题报告提交给技术部门审核，经甲方及设计院审批后对现场进行调整，实现了问题的预先排查。

（4）对于重难点工程，如基坑降水、斜柱、高支模等进行细部建模，出具三维交底图，并制作施工工艺交底视频，实现三维可视化交底，使复杂的施工程序更便于理解，保证施工质量。5D平台使现场人员能将现场发现的问题第一时间上传，便于现场人员与办公区人员的快捷沟通，有利于现场资料的存档与整理。结合施工程序及工程形象，通过模拟建造过程，绘制物资供应曲线，制定实施计划，确保项目在物资采购方面实现精细化管控。

（5）BIM技术的运用，在项目的前期问题处理，中期项目管控与后期申报评奖等多方面卓有成效，为传统建筑业打开了一扇新的大门，同时相关人员也将以本项目为起点，竭诚尽职，推动BIM工作不断发展壮大。

12.6 数字与智能建造创新成果——智慧运维

（1）项目名称：耒阳市全民健身活动中心智能综合管控平台。

（2）项目特点。

1）结合本建筑综合乙级中型场馆的定位，对原施工设计图纸的16个弱电子系统进行深化设计，优化、删减部分冗余的系统或不合理部分。

2）定制开发BIM+IBMS+FM的智能体育馆综合管控平台，利用BIM技术和IOT技术，以BIM模型为基础，集成弱电专业各子系统，通过兼容、嵌套、交互等多种方式，实现平台总览、能源监测、设备设施、消防管理、安防管理、智能楼宇、物业运营、空间管理、赛事管理、拓展应用十大业务功能。

3）进行智能化弱电一体化实施，完成弱电子系统招标采购、现场施工、联动调试等标准化实施流程，实现智能化弱电系统及智能体育馆综合管控平台的软硬件一体化交付。

12.6.1 平台构架

以"集约建设、资源共享、规范管理"为原则，结合项目的实际情况，以BIM模型为核心，利用大数据、云计算、BIM技术和IoT技术，基于统一的平台，将设施设备、消防管理、安防监控、场地租借、智能楼宇、物业运营等智能设备系统，与数据信息、服务资源进行综合集成，提高项目的运维管理水平和综合服务能力，从而实现"降低人工成本""提高工作效率""保证运行品质""降低运行能耗"的目标。

12.6.1.1 平台建设原则

项目设计从实际需求出发，以"一个中心、一个平台、多个应用"为设计理念。"一个中心"：以BIM模型为数据交互中心，与真实三维空间建立一一对应的映射关系，将体育馆的建筑、材料、设备等各类信息挂接到模型当中，为各子系统的空间定位及交互应用提供模型基础。"一个平台"：搭建一个智能化综合信息管理平台，接入各智能化子系统，实现信息共享、集中监控和综合管理。"多个应用"：根据体育场馆的特点，配备各智能化子系统，实现安全保卫、广播通信、数据传输、设备控制、赛场扩声、计时记分、赛事转播、信息发布等各项应用功能。

12.6.1.2　平台总体构架

智能体育馆综合管控平台基于BIM+IBMS+FM体系框架开发。平台以BIM模型为基础，以基于IBMS模式的综合集成为手段，以解决实际业务应用为目标，同时增加FM体系框架，可实现管理人员在物业管理、赛事管理及运营维护过程中的各项应用。智能体育馆综合管控平台架构如图12-6-1所示。

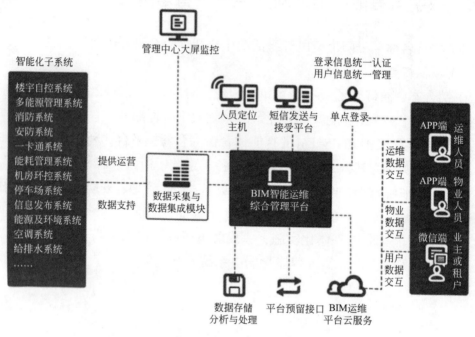

图 12-6-1　智能体育馆综合管控平台架构

平台包括综合管控平台（桌面端）、个人移动平台（移动端）、公众应用平台（微信端），以及集成子系统。

（1）综合管控平台（桌面端）

综合管控平台适用于对建筑整体进行运营管理，主要包括IBMS集成管理、赛事管理、物业管理、日常运维管理等。平台充分利用BIM的优势，将建筑的时空信息与业务应用进行集成统一，实现建筑稳定、安全、智能化的运行。

（2）个人移动平台（移动端）

个人移动平台面向运维人员与内部管理人员，从建筑运维、物业管理、赛事应用三方面与综合管控平台进行信息交互，例如，查询综合管控平台中的资料信息、接收各类任务计划、反馈现场信息，从而保障智能场馆综合管控平台的日常运行。

（3）公众应用平台（微信端）

公众应用平台是面向大众的信息发布及动态情况播报端口，用于业主信息发布、通知公告等日常使用要求。

（4）集成子系统

智能体育综合管控平台包含10个子系统，分别为智能楼宇自控系统、能源管理系统、智能化照明系统、视频监控系统、入侵报警系统、门禁及巡更管理系统、背景音乐及公共广播系统、多媒体会议系统、信息发布系统、售票及道闸控制系统，这些子系统以兼容集成或嵌套集成的方式接入智能场馆综合管控平台。在此基础上，结合体育场馆个性化需求，定制开发赛事管理、资产设备、物业管理、资料管理、用户管理、报表查询等子功能。

12.6.2　平台功能

平台利用BIM技术和IoT技术，以BIM模型为基础，集成弱电专业各子系统，实现平台总览、能耗管理、设备设施、消防管理、安防管理、智能楼宇、物业运营、空间管理、赛事管理、综合功能十大业务功能。

智能体育馆综合管控平台业务功能如图12-6-2所示。

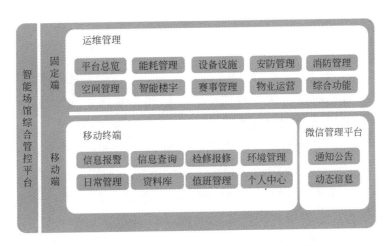

图 12-6-2　智能体育馆综合管控平台业务功能

12.6.2.1　平台总览

平台总览在项目整体BIM模型的基础上，分日常运营、赛事运营两种模式，对该建筑的模型信息、报警信息、安防状态、消防状态、机电设备运行情况统计、能耗总览等用户关心的数据信息进行集中呈现，方便用户对整栋建筑的查看、维护与管理。

12.6.2.2　能耗管理

平台通过对接能耗传感设备，提取实时数据，从总能耗、耗电量、耗水量及耗冷量四方面监控并分析建筑能耗情况，将能耗情况与赛事运营时间进行横向对比，积累、汇总数据，形成不同运行条件下的参数指标库，实时诊断异常状况，辅助建筑的健康运行。

综合管控平台能耗管理功能如图12-6-3所示。

图 12-6-3　综合管控平台能耗管理功能

12.6.2.3　设备设施

该模块将楼宇设备自控系统（BA系统）与BIM模型挂接，实现物联网设备实施与BIM模型的深度融合，实现暖通空调、给排水系统、变配电系统、垂直交通等集成联动，利用成熟的OPC技术采集、存储、控制项目设备实时数据。对于重要设备，平台通过BIM模型显示状态信息，并以弹框面板呈现设备运行信息，从而实现实时监控。对于重要功能房间（如变配电房、消防泵房、制冷机房），设置单房间全专业BIM场景，方便用户对功能房间的管理监控。

综合管控平台设备设施管理功能如图12-6-4所示。

12.6.2.4　消防管理

该模块显示从消防管理子系统提取的数据，如火警、联动、故障、反馈数量等，并与模型进行联动，点击清单中各报警信息，可联动定位到对应模型位置。针对体育馆公共建筑的特点，设置智能疏散应急预案，以三维形式模拟大型活动期间人流疏散方案，保障赛事活动期间的人身安全；针对体育场馆人员复杂、流动性大等特点，设置紧急呼叫系统，具有与视频监控、物业管理等多系统联动功

图 12-6-5　综合管控平台设备设施管理功能

能，实现灾情、风险的及时处理。

12.6.2.5　安防管理

安防管理包含门禁管理、入侵报警、电子巡更等内容，与BIM模型交互联动。通过门禁系统管理体育馆内人员分布，同时具有工作人员考勤管理功能。入侵报警模块可实现与视频监控系统联动报警及现场情况远程查看，提升管理人员对事故的反应及处理能力。

12.6.2.6　智能楼宇

该模块通过交互性信息发布系统和终端设备，综合处理文本、图形、图像、音频、视频等多媒体信息，实现通知、广告、赛事等多信息播报，同时结合公共广播系统，支持多场景音乐切换。在紧急状态下，平台可一键控制各系统进入紧急播放模式。

12.6.2.7　赛事管理

该模块通过功能集成、信息集成、网络集成、系统集成等集成手段，对场馆内的屏幕显示及控制系统、场地照明及控制系统、场地扩声系统、计时记分系统、标准时钟系统、售票系统、升旗控制系统、现场影像采集及回放系统等下层子系统进行集成式中央监控管理。同时该模块又与场馆运营服务管理系统、大型活动公共安全应急信息系统等上层系统对接，将集成系统物联网末端与BIM模型——挂接，编制不同功能场景模式，实现日常、赛前、赛中、退场等不同运营场景多系统的一键切换。

12.6.2.8　空间管理

该模块包含场地管理、会议室管理。以BIM模型为基础，直观展示各房间使用预约情况及配套体育设备的租借情况。平台支持管理人员全景360°自由浏览、自主操作，也可切换到行走模式，以第三人称视角进行场景漫游，实现建筑内部区域的远程在线查看，同时可以随时点击设备查看相关属性资料。综合管控平台空间管理功能如图12-6-5所示。

图 12-6-5　综合管控平台空间管理功能

12.6.2.9　物业运营

该模块通过将体育馆内设备、设施资产的生产、设计、施工、运行等参数挂接到模型中，通过建立设备台账及备品库，对所有设备、设施资产进行管理。系统通过平台各子模块提取设备设施、体育资产的信息并记录汇总，实现信息的协同共享及事件的跟踪落实，有效解决物业管理内部信息孤岛的壁垒。

12.6.2.10　综合功能

该模块实现人员权限设置、后台运行平台综合管理功能。

12.6.3　平台价值

（1）通过BIM模型的可视化、协调性、模拟性等特点，直观地查看体育馆房间功能布局及各项设备设施的空间位置，实现房间、设施设备的定位管理。

（2）提升信息在全流程的流转。BIM模型加载建筑设备数据信息并集成到IBMS系统的数据库中，用户可查询设备的各项维保信息（如安装位置、尺寸、生产日期、生产厂商、可使用年限等），这为设备的定期维护、更换及子系统的改造升级提供了信息支持。

（3）实现对各子系统的集中监视、控制、管理及跨系统联动，为使用者提供增值服务。智能体育馆综合管控平台可将原本分散的、相互独立的弱电子系统，进行集中监视和管控，提升物业人员工作效率。同时，平台通过BIM模型将分散的系统进行功能交互，实现单一事件的多系统联动管控，充分发挥系统集成的效应，进一步保障建筑物的安全，以及平台使用过程的便捷和高效。

12.6.4　应用心得

（1）建筑的运行期占建筑全生命周期的绝大部分，将BIM的应用延伸到运维阶段才能发挥其更大价值，产生更显著效益。

（2）实现BIM数据从施工阶段到运维阶段的有效传递，包含建筑的构件设备几何信息、技术参数、维保信息等。

（3）场馆等公建设施空间大、专业系统多，不同场景模式下的系统切换及调试是一大难题，通过智能运维平台的搭建，对不同场景下系统的运行进行一键设置，实现一键操控，精简物业人员，提高使用效率。

（4）通过专业的平台后端设定，实现建筑设备运行状态的实时监测及智能预警。

平台的上线经历了对业务场景的反复揣摩及推敲，以及系统联动的反复测试，每一个功能的背后都有几十次失败经历的经验作为"台阶"。